刚刚好的
回应（第二版）

〔法〕海洛伊丝·朱尼尔 —— 著　严婷 —— 译

北京科学技术出版社

Originally published in France as:

Guide TRÈS pratique pour les pros de la petite enfance. 47 fiches pour affronter toutes les situations, 2nd edition by Héloïse Junier

© 2018, 2021 Dunod, Malakoff

Illustrations by Lise Desportes

Current Simplified Chinese language translation rights arranged through Divas International, Paris 巴黎迪法国际版权代理 (www.divas-books.com)

Simplified Chinese Copyright ©2023 by Beijing Science and Technology Publishing Co.,Ltd.

All rights reserved including the right of reproduction in whole or in part in any form

著作权合同登记号 图字：01-2023-4458

图书在版编目（CIP）数据

刚刚好的回应：第二版 /（法）海洛伊丝·朱尼尔著；严婷译. —北京：北京科学技术出版社，2023.11

ISBN 978-7-5714-3242-3

Ⅰ. ①刚… Ⅱ. ①海… ②严… Ⅲ. ①婴幼儿心理学 Ⅳ. ① B844.12

中国国家版本馆 CIP 数据核字（2023）第 185260 号

策划编辑： 陈　茜
责任编辑： 陈　茜
责任校对： 贾　荣
装帧设计： 旅教文化
责任印制： 吕　越
出 版 人： 曾庆宇
出版发行： 北京科学技术出版社
社　　址： 北京西直门南大街 16 号
邮政编码： 100035
电　　话： 0086-10-66135495（总编室）0086-10-66113227（发行部）
网　　址： www.bkydw.cn
印　　刷： 三河市华骏印务包装有限公司
开　　本： 720 mm×1000 mm　1/16
字　　数： 196 千字
印　　张： 18
版　　次： 2023 年 11 月第 1 版
印　　次： 2023 年 11 月第 1 次印刷
ISBN 978-7-5714-3242-3

定　　价： 85.00 元

序言

海洛伊丝·朱尼尔是一名记者，也是一名心理学家。她用形象而具体的语言把对婴幼儿养育领域的深入理解写了下来。

在这本书中，朱尼尔为家长、幼儿教育工作者和其他照料者提供了最实用的知识。

本书是给婴幼儿照料者的实用手册。不过，"手册"一词并不能完全体现其精髓，因为本书并不是简单地罗列要点，而是提供了一种思考方法，让婴幼儿照料者能以科学的态度和行为适应复杂的情况，尤其是应对一些令人疑惑和担忧的情况。本书从科学的角度出发，旨在帮助照料者找到兼顾儿童发展和集体生活的方法。

这本书中的许多内容最初发表在《婴幼儿养育专业人士教育心理学》栏目。一些幼儿教育工作者在阅读文章之后提出了中肯的意见，比如建议作者探讨一下在家庭或学前教育机构最受宠的孩子受到过分关注时的心理状态。这是作者未曾想到的问题。

本书是家长和幼儿教育工作者的必备参考书，应该作为早期教育机构、托儿所、幼儿园和家庭的必备书籍。

卡特琳娜·勒利埃弗尔法

法国婴幼儿养育专业人士网站创始人

前言

　　能有机会写这篇前言，我感到非常荣幸。本书作者海洛伊丝·朱尼尔投入了巨大的心血研究情感。我们都知道，情感的认知、理解和表达是人类文明进步的关键，而海洛伊丝·朱尼尔用非常创新、细致和充满共情的方法完美地诠释了孩子的情感世界。

　　因此，本书的建议对孩子、幼儿教育工作者和家长而言都是十分宝贵的。

　　本书有很多关于儿童发展和家庭育儿的新知识，在阅读完本书之后，幼儿教育工作者和家长能够更加理解和关心孩子的需要，尤其是孩子对情感的需要。一些对婴幼儿的成见，如爱哭泣、任性、爱生气和咬人等在本书中受到了作者的挑战和质疑。

　　海洛伊丝·朱尼尔非常理解婴幼儿照料者的艰辛。她知道育儿这项工作存在极大的困难，照料者不仅需要掌握儿童的情感、认知、运动和感官发展方面的知识，还需要具备强大的心理素质和充沛的情感。的确，孩子们的生活中不只有快乐，还有情绪的爆发。哭泣、愤怒、恐慌、咬人和打人，这些情绪和行为不管对孩子还是孩子身边的成年人来说都是痛苦的。成年人需要以极大的耐心和很强的同理心去回应这些大脑极不成熟、需要理解和支持的小家伙，用最佳的应对方式帮助他们成长。

海洛伊丝·朱尼尔也对父母将孩子交给学前教育机构时的复杂心情感同身受：这种情绪是复杂的，父母要把珍贵的孩子托付给一个陌生人照顾。

另外，海洛伊丝·朱尼尔质疑了"婴幼儿早早融入集体有利于其成长"这一观点的正确性，并指出这一做法对成长的利弊取决于婴幼儿与照料者之间关系的质量，而非照料者的数量。她认为与孩子建立个性化关系非常重要，这意味着一位照料者不应照料过多的孩子。她也提到了照料者与孩子应该每天一起做一些事情，这样才能让孩子有机会创造"作品"（绘画、贴纸等）。自由玩耍、没有压力的氛围才能让孩子的天性得到释放。

父母和幼儿教育工作者照料孩子无疑是辛苦的，因此作者提出了能够减轻照料者压力的方法。幼儿的大脑非常脆弱，成年人要加强对儿童早期教育的关注，为他们创造一个平和安全的童年。同时，婴幼儿的大脑具有极强的可塑性，孩子在生命早期经历的所有关系都将对其产生深层次的影响。一段亲密的、充满理解与支持的关系会使孩子产生积极的改变。因此，照料者必须花时间与孩子建立其所需的温暖、安全和个性化的关系。

我们应该提高幼儿教育工作者的经济和地位待遇，因为他们对整个社会的未来负有一部分责任。2007 年诺贝尔经济学奖得主詹姆斯·赫克曼的研究告诉我们：早期为提升幼儿教育工作者的社会情感技能每投入 1 美元，就可以为降低孩子在成年后失业、犯罪等行为的风险节省

100 美元。报告指出：投资越早，结果越好。因此，我们应最大限度地在孩子的婴幼儿时期进行投资。

因此，我主张让幼儿教育工作者通过接受培训来提升社会情感技能，如非暴力沟通。这样做的目的是创造与他人的高质量关系，让每个人的基本需求都能够以合理的方式得到满足。还有一点也很重要：应该让更多的幼儿教育工作者参与到育儿事业中，并且获得与他们的工作强度相符的报酬。

卡特琳娜·葛甘

儿科医生

致谢

我要特别感谢三位育儿领域的权威人士，他们为我写作这本书提供了巨大的帮助。

感谢儿科医生卡特琳娜·葛甘，感谢她的著作，使成千上万的父母和幼儿教育工作者能够充满同理心地看待幼儿情绪的爆发。感谢她为我的这本书撰写前言。

感谢法国国家科学研究中心的研究室主任乔瑟特·赛尔，感谢她的洞察力和幽默感，感谢她与我讨论孩子们的内心世界。感谢她花时间审读我的书稿，并为之贡献她的专业知识。

感谢婴幼儿养育专业人士网站的创始人卡特琳娜·勒利埃弗尔法。如果没有她，这本书就无法诞生。正是在我们的交流过程中，我产生了写作本书的想法。

六年以来，我在托儿所、幼儿园、家庭和早期教育机构进行了实地考察，这本书就是数百小时对儿童的观察、与幼儿教育工作者的交谈、研究和思考的成果。本书的一些章节已经在婴幼儿教育工作者网站这个平台上发表。随着我的文章得到越来越多幼儿教育工作者的认可，卡特琳娜·勒利埃弗尔法和我萌生出将其编纂成一本书的想法，并增加了一些未曾发表的章节。

在这本书中，有一些测验可以测试和拓宽你的知识面，有一些实用内容可以支撑你的日常实践，还有一些问题可以激发你对儿童发展和早期教育的思考。

引言

此刻正在阅读本书的你拥有无上特权，有资格日复一日地陪伴年幼的孩子。恭喜你！这是多么光荣的使命！

在本书中，我渴望和所有陪伴婴幼儿的人对话，包括父母、祖辈、保育人员、托儿所老师、幼儿园老师、儿童游乐中心工作人员、早教中心工作人员等。同时，这本书也可以为那些间接从事与儿童相关工作的人，如儿科医生、儿科护士和儿童心理学家等提供帮助。

作为照料者，你的行为会对孩子的大脑产生十分重要的影响。你与孩子朝夕相伴，你在为培养下一代做出最直接的贡献。当我们都老了，无法创造世界的时候，你所照料的孩子将引领这个世界。

在我看来，你的工作非常重要，也十分辛苦。照顾婴幼儿是一项艰巨的任务。孩子出生后的前三年是最危险的：他们那幼小而不成熟的大脑里每天都在产生爆发性的情绪，每一个未满足的需求都可能产生火花。孩子年龄越小，你就越接近随时可能爆发的"火山"。此外，在这个年龄段，孩子完全以自我为中心，他天然地只专注于自己的需要。如果你想改变这一点，那么你就要失望了，不是孩子不想改变，而是幼小的他没有能力改变。因此，将这些小家伙聚集在同一个空间里必然会产生很多摩擦。

作为儿童心理学家，我参加了很多与照料婴幼儿相关的活动。在此期间，我有幸结识了数百名幼儿教育工作者。通过与他们的沟通和交流，我学到了很多关于养育的知识。我还经历了美妙的冒险，这些冒险触动了我，帮助我更加深入地认识了幼儿发展。借此机会，我衷心感谢他们对我的信任。

在照料孩子之余，你也是个普通人，有自己的情感和需求。和孩子一样，你会感到快乐、悲伤、愤怒，也会感到压力和恐惧。照顾他人之前，你首先需要照顾好自己。我认为你也需要被照顾，需要获得支持，需要得到帮助，你的付出也需要被认可。同时，你也需要获得正确的知识和有效的工具，使你能够出色地完成自己的任务。

可惜的是，许多关于婴幼儿养育的陈旧观念依然盛行：人们认为婴幼儿的情绪反复无常，喜欢挑战和激怒大人，儿童应该控制自己的情绪，抑制自己的冲动。这是多么乐观的想法！产生这种成见的原因是人们习惯于站在成年人的视角看问题，从而高估了婴幼儿的智力和情感能力。我们忘记了他们那幼小的大脑正处于成熟的早期，和成年人的大脑不可相提并论。

事实上，成年人之所以常常高估婴幼儿的能力，是因为他们回溯了自己的童年记忆。然而，没有人能完整记得自己的童年，人的记忆能力只有在 3~4 岁才会出现。在 3 岁左右，孩子获得了新的心理技能，而更小的婴幼儿却缺乏这些技能。因此，我们应该重新思考婴幼儿的能力。这至关重要，因为只有这样才不会走进误区。

令人担忧的是，曲解婴幼儿行为往往会导致成年人做出不恰当的回应。例如，当看到两岁的卡米尔因拿不到玩具而躺在地上哭闹时，如果成年人认为这是无理取闹，就会产生敌对情绪，认为孩子在故意违抗他、操纵他，从而引发成年人的消极回应。相反，如果成年人知道卡米尔的情绪爆发是由她不成熟的大脑产生的，反映了她对情感的基本需求，那么就会做出更有同理心的回应。因此，我们需要转变观念，尽可能实事求是地解读婴幼儿的行为。

在本书中，我把对婴幼儿的解读与研究结果进行了比较。在阅读的过程中，你可以根据目前所知的关于大脑和儿童发展的相关知识，回想一下自己平时的行为。本书内容建立在神经科学、发展心理学和认知心理学的基础之上，同时也参考了依恋理论、行为学（研究动物行为）和人类学的研究成果。

我希望当你深入了解年幼孩子的大脑之后，可以收获一些启发。如此一来，你就可以更科学地看待婴幼儿的行为，避免陷入与其斗智斗勇的僵局，和他们相处时也能有更多的耐心和关爱。

海洛伊丝·朱尼尔

"你说，

和孩子在一起很累。

你是对的。

你说，

因为必须把自己放在与他相同的高度上，

俯身、低头、弯腰，让自己变得和孩子一样。

你错了。

这不是最累的。

最累的是，

要让自己的思想升华到能理解孩子情感的高度，

要小心翼翼、如履薄冰，以免伤害他们。"

雅努什·科扎克

摘自《儿童权利宣言》

目录 | CONTENTS

第一部分　回应的基础：神经科学和心理学研究 / 1

第一章　**情感需求研究** / 3
勒内·斯皮茨的"成长失败"研究 / 4
哈洛的恒河猴"母爱剥夺"实验 / 4

第二章　**教育还是陪伴** / 7

第三章　**心智理论** / 8
幼儿的心理世界 / 8
不成熟的心智理论 / 9
逐渐发展的心智理论 / 10

第四章　**镜像神经元** / 13
镜像神经元 / 14
镜像神经元和情绪的关系 / 14
注意你的情绪 / 15

第五章　　　催产素 / 17

第六章　　　**5 种暴力形式** / 22

　　　　　　身体暴力 / 22

　　　　　　心理暴力 / 23

　　　　　　语言暴力 / 24

　　　　　　冷暴力 / 24

　　　　　　结构暴力 / 25

第七章　　　**情感虐待** / 27

　　　　　　情感虐待的例子 / 27

　　　　　　情感虐待对孩子的大脑有什么影响？ / 28

第八章　　　**集体与社交** / 30

第九章　　　**任性** / 33

第十章　　　**三脑理论** / 35

第十一章　　**拟成人论** / 40

　　　　　　儿童不是小大人 / 40

　　　　　　孩子的大脑和成年人的大脑不可相提并论 / 41

　　　　　　我们或多或少都上当了 / 42

　　　　　　18 个月大的蒂亚戈没有能力挑衅成年人 / 42

第十二章　　**社会性参照** / 44

　　　　　　在有危险的时候，我们会本能地看一眼别人 / 44

　　　　　　同样的原则也适用于年幼的孩子 / 45

第二部分　回应行为问题背后的心理需求 / 47

第十三章　**总想被抱着** / 49

为什么孩子如此渴望大人的怀抱？ / 49

◎孩子生来就是不成熟的　◎孩子天生就依赖成年人

◎他只是需要你的拥抱　◎孩子不会"拥抱上瘾"

◎压力环境使孩子更想投入成人的怀抱

◎你是孩子的航空母舰　◎次要依恋对象

◎像影子一样追随依恋对象的婴幼儿是健康的

我们该怎么做？ / 53

◎只要有可能，就把孩子抱在怀里

◎身体和精神都"装着孩子"　◎像航空母舰一样随时待命

◎在一天中的重要时刻拥抱孩子

◎即使在房间的另一端，也要保持与孩子的联系

◎离开时要做的事　◎选择接班人

第十四章　**不合群** / 56

内向的孩子有问题吗？ / 56

◎所有孩子都是内向和外向的统一体

◎每个人都有天生的气质和个性

◎对外向的追求只是文化倾向　◎内向的孩子有独特的优势

◎或许不是性格问题，而是适应力的问题

我们该怎么做？ / 58

◎排除疾病　◎排除心理痛苦的可能性

◎接受孩子本来的样子　◎观察孩子　◎给予孩子更多的关注

◎缩小孩子的社交圈　◎让其他人尊重内向孩子的选择

◎让父母放心

第十五章　　不吃饭 / 62

为什么孩子会拒绝吃东西？ / 62

◎食欲在变化　◎孩子有自己的进食节奏

◎面对新环境的自然反应　◎用餐环境和方式存在问题

◎探索食物的需要　◎隐形压力

◎对新食物的恐惧

我们该怎么做？ / 65

◎个人层面　◎集体层面

第十六章　　不睡觉 / 68

为什么孩子会难以入睡？ / 68

◎睡觉就意味着分离　◎孩子缺乏安全感

◎并不是所有孩子都有相同的睡眠需求

◎同一个孩子的睡眠需求也会变化

◎在集体中和在家里的表现不同

我们该怎么做？ / 70

◎个人层面　◎集体层面

第十七章　　如厕问题 / 76

正确看待来自幼儿园的压力 / 76

可以教孩子控制括约肌吗？ / 77

不爱干净的孩子就是脏孩子吗？ / 77

尊重孩子的节奏，循序渐进 / 78

前进一步，后退三步 / 78

第十八章　　**总是哭** / 81

孩子为什么哭？ / 81

◎关乎生存　◎表达需求的方式　◎处于警觉状态

◎需要依恋对象　◎最好的天然抗压剂

我们该怎么做？ / 84

◎个人层面　◎集体层面

第十九章　　**多动** / 86

怎么解释孩子的兴奋？ / 86

◎正处于大运动发育的年龄　◎孩子需要运动

◎基因里带着探索精神　◎缓解紧张情绪

◎集体效应　◎疾病的征兆

◎孩子不是故意找麻烦，只是需求未被满足

◎不要和多动症混淆

我们该怎么做？ / 88

◎个人层面　◎集体层面

第二十章　　**叛逆** / 92

为什么孩子会和成年人对着干？ / 92

◎孩子在成长　◎孩子不是叛逆

◎孩子经历了一场情绪风暴　◎孩子越累，反抗就越强烈

◎孩子在回应你专横的态度

我们该怎么做？ / 94

◎保持冷静和放松

V

◎记住：孩子的情绪失控反映了需求未得到满足

◎经常和孩子拥抱，陪孩子玩耍　◎给孩子选择的空间

◎交给孩子一个任务

第二十一章　不守规矩 / 98

为什么孩子总是不能很好地理解规矩？ / 98

◎理解能力还处于发展中

◎孩子先感受到你的情绪，然后才明白你的话

◎孩子活在具体的概念中　◎孩子活在当下

◎禁令因人而异，也因孩子和时间而变化

如何制定更容易被孩子理解的规则？ / 100

◎与孩子单独交谈　◎态度坚定但不咄咄逼人

◎发出肯定指令，而非否定指令

◎多用"不要"，少用"不许"　◎一次只说一个指令

◎对孩子说话后等待 5 秒　◎温和地干预

◎提供安全的生活环境　◎与孩子一起执行规矩

第二十二章　咬人 / 104

为什么孩子会咬人？ / 104

◎幼儿咬人的原因多种多样　◎孩子用嘴探索世界

◎孩子无法控制自己的冲动　◎咬人也是一种表达方式

◎孩子需要获得关注　◎孩子感受到了压力

我们该怎么做？ / 106

◎个人层面　◎集体层面

第二十三章　抚摸自己 / 110

为什么有些孩子会抚摸自己？ / 110

◎探索自己的身体

◎发现和测试身体部位的敏感性，获取安抚

◎带来快感　◎羞耻心随着年龄的增长而形成

我们该怎么做？ / 112

◎告诉孩子，他有权触摸自己的身体

◎不要禁止孩子触摸他自己，不要生气，不要让他感到内疚

◎不要投射你的价值观

◎如果其他孩子很好奇，可以向他们做出解释

◎打破成见　◎注意事项

第二十四章　吸奶嘴 / 114

为什么孩子经常吸着奶嘴？ / 114

◎每 10 个孩子中就有 8 个爱吸奶嘴　◎作为压力调节器

◎作为过渡和陪伴物　◎广告效应

过度使用奶嘴会导致什么后果？ / 115

◎让孩子习惯压抑自己的情绪　◎让奶嘴成为唯一的安抚物品

◎阻碍孩子情商的发展　◎阻碍语言能力的发展

◎使牙齿变形，增加耳鼻喉感染的风险

我们该怎么做？ / 118

◎区分"习惯性"吸奶嘴和"自我调节"吸奶嘴

◎鼓励孩子取下奶嘴

◎当你和孩子说话时，鼓励他摘下奶嘴

◎当孩子和你说话的时候，要求他摘下奶嘴

◎如果孩子抗拒，睡觉时可以让他用奶嘴

◎当孩子有压力时，把孩子抱在怀里，不要给他奶嘴

◎与家长交流

第二十五章　正面管教的 5 个关键要素 / 120

要素一：孩子打人、尖叫？找出他没有得到满足的需求 / 120

◎不当行为的背后都隐藏着未得到满足的需求

◎当需求得不到满足时，人就会感到挫败

◎找出孩子未得到满足的需求有利于提出更有针对性的对策

要素二：你感觉怒火攻心？做出回应前请先深呼吸 / 121

◎当情况失控时，人也可能情绪失控

◎与孩子保持距离，练习腹式呼吸

要素三：以身作则 / 122

◎孩子在观察你　◎孩子会复制成年人的行为

◎给孩子树立榜样

要素四：帮助孩子发泄强烈的情绪 / 122

◎所有的情绪都分为三个阶段

◎鼓励孩子释放自己的压力

要素五：照顾好你自己 / 123

◎照顾好自己是为了更好地照顾孩子

◎不要过度沉溺于自己的世界

第二十六章　给孩子减压的 21 个方法 / 126

在人的层面上 / 126

◎轻声说话　◎玩沉默游戏　◎分组行动　◎大人少动

◎待在"战略要地"　◎老师分散开来　◎优先考虑地面交接

◎单独交接　◎慢慢分离　◎创造放松的时间

◎仪式化的交接时刻　◎未雨绸缪　◎带孩子们出去玩

◎提供拥抱和个性化关注时间

在物质层面 / 131

◎提供足够数量的相同玩具　◎杜绝电子玩具

◎在特定的时间听音乐　◎保持通风　◎制作小藏身处

◎使用高度小于70厘米的家具　◎把玩具柜面向生活区域

第三部分　回应心智发展需求 / 135

第二十七章　赢在起跑线 / 137

从摇篮就开始的学习竞赛 / 138

取悦父母还是尊重孩子的自由选择？ / 138

烦恼的源泉——与他人比较 / 139

第二十八章　电子屏幕 / 141

过度刺激 / 142

电视使孩子变得被动 / 143

第二十九章　无聊有益 / 146

无聊使成年人烦恼 / 146

允许孩子无所事事 / 147

无聊是不存在的 / 148

第三十章　　　学礼仪 / 149

懂礼貌反映了礼仪和尊重 / 149

孩子无法理解懂礼貌的价值 / 150

孩子在 4~5 岁的时候学礼仪才有意义 / 151

孩子会以自己的方式表达礼貌 / 151

第三十一章　　危险动作 / 153

因人而异的反应 / 153

自由探索促进孩子大脑神经元的连接 / 154

幼儿头脑中没有"规矩"的概念 / 155

重复的禁令让人恼火 / 155

让环境适应孩子的需求 / 156

第三十二章　　有关哭的科学研究 / 158

代代相传的成见 / 159

哭泣的真相 / 160

◎哭泣不代表任性，也不代表操纵

◎孩子不会习惯拥抱

哭泣有利于婴儿生存 / 161

哭泣是一把双刃剑 / 162

哭泣能使孩子从压力中解脱出来 / 162

接纳婴儿哭泣，而不要阻止他 / 163

第三十三章　　大脑发育关键期 / 167

每个经历都产生成千上万次神经元连接 / 167

大脑保留重复经历所产生的连接 / 168

0~2 岁，大脑发育的关键时期 / 169

第四部分　特殊情况，如何回应 / 171

第三十四章　**高敏感** / 173

孩子具有社交属性，但不一定善于社交 / 174

大脑并不喜欢太大的集体 / 174

不是所有人都能适应集体生活 / 175

过度敏感的大脑 / 175

减少人数，降低噪声 / 176

更换机构 / 177

学前教育机构满足的是父母的需要，而不是孩子的需要 / 178

第三十五章　**高智商** / 179

识别高智商孩子 / 181

为孩子提供有安全感的环境 / 183

第三十六章　**选择性缄默症** / 186

一种相当罕见的焦虑症 / 186

及早干预 / 187

创造缓解焦虑的环境 / 188

与家长密切合作 / 188

第三十七章　**孤独症** / 190

早发现，早介入 / 190

关注孤独症早期症状 / 191

识别孤独症迹象 / 191

筛查不等于诊断 / 192

第三十八章　婴儿摇晃综合征 / 198

严重的后遗症 / 199

危险的父亲 / 199

预防行动 / 200

第五部分　解决自己的问题才能更好地回应孩子 / 203

第三十九章　偏心某个孩子 / 205

如何解释对孩子的偏爱？ / 205

◎吸引是自然现象　◎这个孩子各方面都合你的心意

◎"宠儿"的家长　◎情感转移

◎不依恋孩子，这可能吗？　◎保持恰当的距离，然后呢？

◎这是文化问题

我们该怎么做？ / 208

◎消除负罪感　◎团队协作　◎照顾其他孩子

◎如果确实有必要，把接力棒传给别人

第四十章　不喜欢某个孩子 / 210

为什么会不喜欢某个孩子？ / 210

◎所谓的"中立"并不真正存在

◎这个孩子让你怀疑自己的工作能力　◎孩子不吸引你

◎孩子不主动找你　◎不是你理想中的孩子　◎恶性循环

我们该怎么做？ / 212

◎敞开心扉讨论问题才能更好地解决问题

◎改变对孩子的看法

◎解读孩子的情绪，确定他的需求　◎建立联结

第四十一章　讨厌孩子的家长 / 214

为什么会不喜欢某个孩子的家长？ / 214

◎复杂的"半路"关系

◎老师是"分离者"，是把孩子和家长分开的人

◎家长的过度担心　◎家长不给你正面评价

◎不认同家长的教育价值观，不理解他的选择

我们该怎么做？ / 217

◎确定分歧的根源　◎回忆你与家长的第一次接触

◎和家长见面　◎定期提供关于孩子的评估

◎邀请家长参观　◎与家长保持距离

第四十二章　脆弱的家长 / 220

两难的境地 / 220

支持父母 / 221

难以启齿的话题 / 222

◎发现孩子发育迟缓或患有发育障碍

◎不应将家长的需求凌驾于孩子之上

◎上报家长的虐待行为

在陪伴和引领中找到适当的平衡 / 225

如何解释老师对家长持有的谨慎态度？ / 225

第四十三章　心理医生 / 227

三重作用 / 227

团队的工作伙伴 / 228

心理医生不是魔法师 / 229

心理医生是中立的 / 229

第六部分　关怀自己才能更好地回应孩子 / 231

第四十四章　减压的 10 个方法 / 233

为什么会压力大？ / 233

确定 4 个压力来源 / 234

如何管理当下的压力？ / 234

第四十五章　身兼数职 / 236

她们这么说 / 237

◎感觉自己不够好　◎对自己和他人要求高

◎承受来自身边人的压力

◎对自己孩子的生长发育情况异常焦虑

为照顾别人的孩子而感到内疚 / 239

双重身份的好处是多方面的 / 240

第四十六章　工作与生活 / 242

双重身份 / 242

没有必要自责 / 243

保持情绪稳定的方法 / 244

平静接受 / 245

第四十七章　照顾好自己 / 247

　　　　许多成见 / 248

　　　　抱怨无处不在 / 248

　　　　非同寻常的职业 / 249

　　　　寻求帮助 / 250

参考文献 / 252

推荐书目 / 256

回应的基础：神经科学和心理学研究

第一章
情感需求研究

爱与食物一样重要，对吗？

□ 对——孩子的生存离不开爱。

□ 错——食物比爱更重要，因为没有食物，孩子就无法生存。

答案：对

过去的人们认为小孩子需要的不多，只需满足他的生理需求，给他食物、喂他喝水、照顾他，小孩子就能健康成长。大人对孩子的爱不重要，像蛋糕上的樱桃可有可无。许多专家认为儿童的教育应该基于纪律和规矩，建议父母由着孩子哭，不必安抚，不要经常亲吻孩子，也不要一直把他抱在怀里，这样孩子就不会被宠坏。

后来，多亏了心理学和神经科学的发展，人们的观念才得到了 180 度的转变。现在我们知道，孩子只有被爱才能健康成长。

20 世纪有两项颠覆性的研究给人们留下了深刻印象。

🔵 勒内·斯皮茨的"成长失败"研究

20 世纪 40 年代，匈牙利精神分析学家勒内·斯皮茨对孤儿院里的儿童的成长产生了浓厚的兴趣。这些可怜的孩子一出生就被父母遗弃，从来没有得到过父母的关爱和照顾。斯皮茨把孤儿院里的儿童与同母亲一起在监狱里生活的儿童进行了对比。

他的研究结果令人心碎：那些被孤儿院工作人员用程序化的方式照顾的儿童未能与照料者产生任何特殊的情感联结，最终会表现出某种形式的精神退化，引发严重的退化综合征，导致身心发展的停滞。

斯皮茨描述了几个阶段：在与父母分开的第一个月里，孩子常常无缘无故地哭闹，想要抓住任何一个和他接触的成年人；第二个月，孩子体重减轻，生长发育减慢；第三个月，孩子开始拒绝与人进行肢体接触，有时会一动不动地躺在床上很长时间，不吃不喝，运动发育严重迟滞；三个月后，孩子不再哭泣、不再微笑、不再尖叫，目光呆滞，面部表情僵硬，同时开始表现出非典型行为，如呻吟、手指做出怪异动作、摇摆等。

斯皮茨的研究推动了母婴住院治疗的改革。

🔵 哈洛的恒河猴"母爱剥夺"实验

20 世纪 60 年代，一对心理学家夫妇玛格丽特·哈洛和哈里·哈洛决定在恒河猴身上进行母婴分离的实验，研究分离对幼猴社会认知的发展产生的影响。

哈洛夫妇在小猴子出生后立即将其与母亲分开，单独关在笼子里。在接下来的几个月里，小猴子与同类没有任何视觉、听觉或嗅觉接触。这些小猴子心理上的痛苦很快就显现出来：它们中有许多表现出刻板行为（如跳跃、摇晃）和自我攻击行为（如用头撞笼子、抓伤自己、咬伤自己）。

2~3 年后，研究人员将这些小猴子放回同类中，评估社会认知的发展情况以及与同类互动的质量。

他们惊讶地发现，这些小猴子表现出了严重的社交缺陷。它们大多蜷缩在角落，就像受到了惊吓；它们无法正常玩耍，也无法与同类正常互动。成年后，这些猴子所表现出的社会行为依旧没有改变。

哈洛夫妇还做了一个重要的实验：将一只刚出生的小猴子单独放在一个笼子里。笼子里有两个"假妈妈"，彼此相距 10 厘米，由铁丝组成的圆柱体做成。其中一个是"毛茸茸"妈妈，它被一块柔软的绒布覆盖着，摸起来很温暖，就像毯子一样，小猴子可以抓住它，依偎在它身上；另一个是"铁丝"妈妈，它胸前有一个奶瓶，小猴子可以随时从这个奶瓶里喝到牛奶，但"铁丝"妈妈就像一个喂养机器，无法给小猴子带来安全感。

小猴子更喜欢"毛茸茸"妈妈还是"铁丝"妈妈？它更想待在谁身边？结果是：在一天 24 小时里，小猴子有 22 个小时都依偎在"毛茸茸"妈妈的怀里，当感到饥饿的时候才会选择到"铁丝"妈妈跟前填饱肚子，而在其他的时间都会回到"毛茸茸"妈妈身边。

我们不得不承认，那个年代对动物的尊重远逊于今天。这个残忍的实验在今天很难被法国国家伦理咨询委员会接受。

通过这些前所未有的实验，哈洛夫妇发现：对孩子来说，成年人（尤其是母亲）并不仅仅是食物的来源，其情感对于孩子的健康成长也必不可少。

颠覆认知的实验

如果你对以上话题感兴趣，可以在互联网上搜索并观看这几个实验的视频。虽然视频的内容令人不安，但我认为婴幼儿照料者有必要看一看，因为这可能会彻底颠覆你对孩子和情感的看法。

用拥抱来表达爱

永远不要忘记，大人的爱和拥抱对孩子来说就像燃料一样，是强大的动力。拥抱孩子不是为了奖励他，而是为了让他感受到爱。如果你想让孩子更平和、更快乐、更愿意合作，那么就从填满他的"燃料池"开始吧！

第二章
教育还是陪伴

教育和陪伴的区别是什么？

在育儿领域，我们经常谈论教育。在孩子的不同年龄阶段，你是选择教育孩子还是陪伴他们的日常生活和成长？

教育是指使人适应社会习俗，也就是使人习得礼貌等行为规范、社交礼仪、成人社会的准则、价值观等等，例如学会说"谢谢""请""请原谅"等。

陪伴是指作为一个人或一个团体的向导或陪伴者。在育儿领域就是了解孩子的愿望，满足孩子的需要，保证孩子的安全，教会孩子成长，陪伴孩子探索世界。例如，当他哭泣时把他抱在怀里；或者要求他不要从桌子上往下跳，以免受伤。

思考一下你给孩子制定的规矩，你是教育者还是陪伴者？

第三章
心智理论

幼儿是否可以操纵大人？

☐ **是——当然了，有很多这样的例子。**

☐ **否——孩子太小了，根本没有这种能力。**

答案：否

与表面现象相反，答案是"否"。原因有二：

1）幼小的孩子还没有发展出把自己不同于你的想法强加于你并预测这些心理状态能影响你行为的能力。这种能力被称为"心智理论"。

2）如果你觉得幼小的孩子在操纵你，其实是你站在成年人的角度解读他的行为，就好像他也是一个成年人。

🔵 幼儿的心理世界

在一望无际的海面上，一艘轮船正在行驶，你正躺在甲板的长椅上，身边有一个朋友。突然，朋友站了起来，弯腰探出安全围栏。你会本能地想知道他怎么了：他听到了什么可疑的声音？他在找海豚？他想呕吐？他感到无聊了？因为没和他聊天，他生气了？在潜意识里，你正在使用心智理论解读朋友的行为。也就是说，你通过识别他的心理状态（欲望、思想、意图）来解读他的行为。

如果你猜不到他人的意图，理解不了他人的行为，你的生活会是什么样子？这就是幼儿的日常状态，他们还没有发展出心智理论，无法解读他人的行为。欢迎来到他们的世界。

🔵 不成熟的心智理论

心智理论不是与生俱来的，而是在生命的前五年形成的。在发展出思考能力之前，幼儿对他人心理状态的猜测纯凭直觉。慢慢地，孩子就会变得"去自我中心"。

如果你想让小雷奥不要捣乱，你会给他分配一个力所能及的小任务，如让他把玩具盒收起来。为了达到你的目的，你根据自己的意图预测了小雷奥的行为。

现在让我们从孩子的角度来看问题。两岁半的阿莱西奥想吃果酱，遭到了大人的拒绝，接着阿莱西奥开始大声尖叫、打人。可能有人会觉得阿莱西奥在操纵大人，小阿莱西奥尖叫、打人都是故意的，她撒泼胡闹、恣意妄为，只是为了让大人屈服，得偿所愿。

这种看法是错误的，有以下 4 个原因：

1）一方面，在 4~5 岁之前，孩子没有能力知晓你的心理状态，他无法推断和预测你在某种情况下会做什么；另一方面，操纵他人意味着要操纵对方的心理状态，这是一种复杂的智力较量，可能需要使用谎言和玩笑，这被称为"二级信念"，是一种在孩子6岁左右才会出现的能力。

2）幼儿只着眼当下，不具备和成年人一样预测未来和制定策略的能力。虽然他们的大脑前额叶是推理、预测和思考的中心，但发育不成熟，他们还不具备相应的智力和能力。

3）幼儿会玩过家家的游戏，能把纸假装成布娃娃的毯子，但他们无法假装表现出强烈的情绪。4岁以下的幼儿表现出爆发式的情绪化行为是因为大脑顶层的新皮质与控制情绪的大脑前部之间没有建立很好的联系，无法控制由恐惧或愤怒产生的原始冲动。

因此，幼儿发脾气不是闹剧，也不是试图使成年人屈服的操纵行为。不了解这一点的成年人会认为孩子这些情绪化行为是过激的，他们会对孩子说："你这样做没用。"

4）孩子天生善良、友好、富有同情心，这是由进化选择的，让其所依赖的成年人能够接近和照顾他。一般来说，是成年人在推动与孩子之间的较量，而孩子只会对成年人的态度做出反应。

认为孩子在操纵你、挑战你、激怒你，或者故意做某事来打扰你，这只是成年人的投射，是"拟成人论"的观点。

🔵 逐渐发展的心智理论

在9~10个月的时候，孩子就能够通过动作向你表明自己的意图了。

如果你用手指着地板上的玩偶，他就会看向这个玩偶。同样，如果他用手指向大门，他也会看看你是否在看着他指的方向。我们把这种能力称为"共同注意力"。这是心智理论形成的最早阶段之一。通过与你分享他关注的某个外在的物体，孩子开始"去自我中心"。

在 14~18 个月，孩子便能够理解其他人的需要与自己的不同。这种能力在"饼干和西蓝花的美味实验"中得到了验证。

孩子和大人一起坐在一张桌子旁，桌子上放着两个碗，一个碗里放着西蓝花，另一个碗里放着饼干。一开始，大人一边品尝西蓝花，一边做出"嗯！很好吃"的样子。在多次实验中，孩子们都会看向大人并且表现出不喜欢西蓝花的样子。然后，大人会要求孩子给他拿点吃的。18个月以下的孩子会给他饼干，也就是孩子自己想吃的东西，而不会考虑大人的喜好。18 个月以上的孩子则表现出相反的行为：他们会根据大人的口味拿西蓝花，而不会选择自己喜欢的饼干。

在 24 个月的时候，孩子会明白：如果得到了自己想要的东西，他就会很快乐；如果没有得到自己想要的东西，他就会不快乐。

在 4~5 岁的时候，孩子开始意识到人都是按照自己的世界观行事。他明白不了解情况的人可能会犯错，可能会有脱离实际的想法。例如，孩子知道盒子里只有铅笔，此时如果他的朋友在盒子里面寻找糖果，他也不会表现出惊讶。这也是人生第一个会说谎的阶段，此时的孩子已经具备了新的"去自我中心"能力。

如何测试心智理论?

在过去的 30 年里，关于心智理论发展的研究越来越多。相关的一些实验评估了孩子的心智理论，其中一个实验叫"莎莉和安妮"。

实验工具是盒子、篮子和球。研究人员让孩子们观看以下场景：莎莉出去散步前，把球放在盒子里，此时安妮站在她身边；莎莉走后，安妮拿起球，把它放到篮子里。然后，研究人员会问孩子们一个问题：莎莉回来后会从哪儿拿她的球，盒子里还是篮子里？

心智理论已经成熟的孩子们会回答：莎莉不会从篮子里拿球，她会从盒子里拿球，因为她不可能知道安妮已经把球换了一个地方。

相反，还没有获得心智理论的孩子会说：莎莉会去拿篮子里的球。因为他们还不明白别人可能会有和他们不一样的想法。

一般来说，4~5 岁的儿童能成功通过这项测试。

2016 年的一项研究表明：一个 30 个月的孩子已经能够理解他人的想法可能会与自己的不同。这值得进一步研究，它证实了心智理论是连续发展的，并在生命的最初几年里不断完善。随着相关的研究越来越深入，人们对心智理论的认识也在不断发展。

第四章
镜像神经元

情绪能否传染？

☐ 能——情绪就像病毒，一年四季都可以传播。

☐ 否——如果我伪装得好，我的愤怒就不会被察觉。

答案：能

不知你是否注意到，集体中只要有一个人感到压力和紧张，这种情绪状态就会以极快的速度蔓延到整个集体。你只需要观察孩子之间的互动，就能猜到大人可以感觉到的压力水平，反之亦然。

这适用于所有情绪，无论是积极的（高兴、激动、愉悦等）还是消极的（悲伤、愤怒、恐惧等）。当你看见同伴微笑，你可能也想微笑；相反，如果晚上你的亲人带着沮丧和悲伤的表情回到家，你很可能也会感到悲伤，即使你今天过得很快乐。这该如何解释？

🔵 镜像神经元

日常生活中的"动作传染"现象可以用镜像神经元来解释。如果你对面的人和你说话的时候挠鼻子，你的大脑中的镜像神经元会被激活，就像你在挠鼻子一样，因此你很可能会跟着做出挠鼻子的动作。即使你没有真的挠鼻子，你也会认为自己在对话时挠了鼻子。

镜像神经元会让我们感觉自己在模仿他人的行为，就像照镜子一样。由于镜像神经元的活动，当我们观察到其他人的动作时大脑会对此复制，就好像我们自己也做了这个动作一样。

🔵 镜像神经元和情绪的关系

情绪的问题就更复杂了。"情绪传染"不能仅仅用镜像神经元的活动来解释，因为情绪不止通过动作来体现。研究发现，当人们看到一张愤怒的脸时，自己的眉毛也会做出相似的微表情；相反，当对话者的脸上挂着微笑的时候，人们也会不由自主地以非常细微的方式在嘴巴上表现出来，就像自己要微笑一样。儿童也是如此。

你是一名幼儿教育工作者，你正准备告诉一位家长，他的孩子在一天中被别的孩子咬了两次。你记得这位家长的脾气有点急，所以他可能会生气。在这种情况下，也许你自己都没意识到，当你走向他的时候，你会表现出攻击性，做出紧张和充满压力的动作。理论上来说，由于镜像神经元的作用，这位家长也会不由自主地表现出攻击性，做出紧张和有压力的动作。

🔵 注意你的情绪

为了能够平静地与人交流，你要意识到自己发出的信号、你的镜像神经元对对方的情绪状态的影响，以及对方对你的情绪状态的影响。当你察觉到自己的情绪对他人产生影响时，就能够及时避免人际关系中的矛盾。

镜像神经元的研究始于"三明治的故事"。一位名叫里佐拉蒂的意大利研究人员在研究与电极连接的猴子的运动时偶然发现了镜像神经元。当里佐拉蒂伸手去拿三明治时，猴子身上的感应器突然开始不停地发出蜂鸣声，就好像猴子正在做动作，而事实上它那时是一动不动的！这让里佐拉蒂大吃一惊，他意识到猴子的大脑自发地模仿了他刚刚做的伸手臂动作。镜像神经元就这样被发现了，这是神经科学史上的一个里程碑。

镜像神经元也解释了为什么我们看见别人打哈欠，自己也会打哈欠这一现象。因此，在疲倦的孩子面前打哈欠是哄他入睡的好方法。

情绪传染取决于多种因素

虽然镜像神经元在科学界越来越受认可，但仍然存在一些争议。我们还没有证据表明它确实存在于人类身上。要知道，它是在猴子身上发现的。

不过，我们要注意的是，情绪传染并不仅仅依赖于镜像神经元的活动。

当我们感知对话者的情绪时，需要考虑三个因素：

·作为"感知者"的你：性格特征、年龄、认知情况、当前的情绪状态等。

·表达情绪的人：年龄、你是否觉得和他（她）很亲近、你是否喜欢他（她）。

·背景：你会对同一种情绪产生何种感知，取决于所处的环境，你是在地铁里、学前教育机构里还是在卧室里；此外，如果他人开始笑，你是否会跟着笑取决于当时的氛围是悲伤的（不一致）、欢快的（一致），还是中性的。

在所有变量都受到控制的条件下，情绪传染可以在实验中得到验证。但在现实生活中，我们并非总能观察到情绪传染，这是因为其他因素也在起作用。注意：实验条件是特例，不要盲从。

第五章
催产素

能无限使用、老少皆宜的抗焦虑药是什么？

□ 一大盒 0.5 毫克的阿普唑仑（一种抗焦虑的镇定药物）。

□ 一盒巧克力。

□ 催产素——依恋荷尔蒙。

答案：催产素

试想一下，今天对你来说很难熬。你的工作任务很重，令你焦头烂额。伴侣出差了，你要赶去幼儿园接孩子，又遇上晚高峰堵车，你下了车往幼儿园跑去，累得气喘吁吁。此时你压力很大，精疲力竭。

现在是下午六点半，园区只剩下你家孩子。你从幼儿园老师手中牵过孩子的手，两岁的孩子露出悲伤的眼神向你伸出双臂，你蹲下来温柔地抱着她，低声对她说："今天真难熬。"就在拥抱的那一刻，你和孩子突然都有了一种焕然一新的愉快感。你突然感到活力满满，内心放松。

这是一种奇妙的化学反应。让我们一起来了解大脑的构造，从而帮助你更好地理解这个现象。

你的下丘脑刚刚分泌了催产素。催产素是产生联结和依恋的荷尔蒙，它能使人具有抗压能力。通过引发化学连锁反应，催产素减少了应激激素皮质醇的分泌，增强了副交感神经的活性。副交感神经系统是使人产生愉悦感的神经系统，它能够让人镇定和放松下来。这个系统一旦被激活，身体消耗就会减少，可以储存能量：使心率和呼吸减缓，血压下降。

总之，你和孩子都"重获新生"，所有的秘密都包含在一个小小的拥抱中！是不是很神奇？

催产素除了能减轻压力，还能促进：

· 信任；

· 依恋；

· 合作；

· 同理心；

· 温柔；

· 大人对孩子的照顾。

催产素能够促进人与人之间的联系。当孩子和你在一起很开心，喜欢与你接触时，他的大脑就会分泌催产素。催产素又会促进健康分子——内啡肽和血清素的分泌。当催产素再次分泌时，孩子在那一刻所感受到的快乐会鼓励他更加愿意接近你，这是一个良性循环。相反，压力会阻断催产素的分泌。

好消息是，催产素给孩子和给你带来的幸福感一样多。理论上，你们都是催产素的"储备仓"！换句话说，这就好像你的体内有一种神奇的药水，它能减轻孩子的压力，给他幸福感，从而减少躁动、攻击性表现和消极情绪，培养其温和待人的品质，并且还能促进孩子与你合作，增强对你的信任。

这就是为什么爱被认为是燃料、是孩子的动力来源，而不应该作为奖赏。温柔和充满关爱地回应孩子不仅有益于孩子，也有益于你自己。因此多来点催产素吧！

催产素在实验室中是合成的，也称合成催产素。研究人员可以在不同的环境中测试它的效果。

研究人员一般通过鼻腔喷雾给受试者注入催产素。虽然是合成的，但其效果也很惊人。例如，它成功提高了两个互不认识的人之间的合作水平和信任度。

说到这里，我想起一位幼儿教育工作者在培训中提出的问题："我们是否可以在托儿所和幼儿园里放置一些催产素喷洒器呢？"

在以下情况中你能分泌催产素：

· 分娩（催产素会导致子宫收缩）；

· 母乳喂养；

·性高潮；

　　·拥抱、爱抚或亲吻他人；

　　·想起心爱的人，或者听到他的声音；

　　·与另一个人交换善意的目光。

把爱当成良药服用，一日三次，一次两片。每天下午四点再服用一个亲吻。

谢谢你，医生。

21

第六章
5 种暴力形式

你知道这 5 种暴力形式吗？

在不知情的情况下，幼儿有可能每天都会受到照料者或机构的虐待，虐待的形式和程度可能因人而异。其中明显的暴力行为比较罕见，如身体暴力；其他暴力行为，如心理暴力和结构暴力发生得比较频繁，却不容易被察觉。

🔵 身体暴力

身体暴力是托儿所／幼儿园最为人所知，但也是最不常见的暴力行为。

身体暴力包括侵犯儿童身体完整和健康的所有暴力行为，目的是伤害、吓唬儿童以便更好地控制他们。

例如：

·殴打孩子；

·撞、推孩子；

·用力拉孩子的胳膊；

· 摇晃孩子；

· 在孩子走动的时候突然推倒他；

· 当孩子坐在地上时，未征求他的意愿便粗暴地拎起他，然后粗暴地把他放到另一个地方；

· 让孩子突然摔倒；

· 用手抓住孩子的下巴，迫使他直视大人的眼睛等。

有些人还把儿童在场时对物品施加的暴力行为认定为身体暴力，即：

· 击打桌子；

· 把门"砰"的一声关上；

· 踢墙或家具；

· 把东西扔到地上；

· 捶墙等。

🔵 心理暴力

心理暴力会损害孩子的自信、安全感和自尊。

表现如下：

· 把孩子与集体中的其他人隔离开来惩罚他；

· 在发生冲突时，总是指责同一个孩子；

· 批评、贬低孩子；

· 给孩子贴标签，如"咬人的孩子"；

· 嘲笑孩子；

· 侮辱或批评孩子的父母。

心理暴力是最普遍的暴力之一，但也是最不为人所知的暴力之一，我们需要提升认知并预防它的发生。所有虐待儿童的行为都包含心理暴力因素。在某些情况下，我们还会混淆心理暴力和语言暴力。

一些研究人员认为，家庭暴力也是对儿童的一种心理暴力行为。

🔵 语言暴力

语言暴力的目的是用语言和声音制造令儿童恐惧的气氛，以便更好地控制他们。

例如：

· 大喊大叫；

· 打断孩子说话；

· 威胁要把某件事告诉孩子的父母，这样他就会受到惩罚，或者声称要没收他的奶嘴或玩具；

· 称孩子为"坏孩子""无理取闹的小坏蛋""戏精"等。

🔵 冷暴力

所谓的"冷暴力"鲜为人知，包括由于不作为或疏忽而造成的对儿童的身体或心理暴力。与其他形式的暴力不同，成年人的冷漠本身就是一种暴力。

例如：

· 不阻止孩子间互相殴打的行为；

· 让孩子独自哭泣，不给予安慰；

· 在孩子大便后不帮其更换尿布；

· 不安慰害怕的孩子；

· 不为摔倒的孩子处理伤口等。

结构暴力

结构暴力是一种广泛的、非自愿的暴力行为，由管理混乱的机构本身造成。这个概念在 20 世纪 80 年代由精神病学家斯坦尼斯洛·汤基耶维奇提出，他将结构暴力描述为"在机构内或由机构实施的所有暴力行为，或不采取任何行动，给儿童造成不必要的身心痛苦并阻碍其发展的暴力行为"。

例如：

· 把孩子安置在不利于其发展的环境中，例如强迫很多孩子一起在封闭房间里待一整天；

· 用餐时不让大人照顾不吃东西的孩子；

· 一个空间里容纳过多孩子；

· 一群孩子正在吃东西时，强迫另一群饥饿的孩子在一旁等待；

25

· 没有足够数量的大人来照顾孩子；

· 不尊重孩子的饮食习惯（如不吃猪肉、素食等）；

· 不为孩子提供足够的餐食；

· 为孩子提供危险的架子；

· 对孩子进行各种限制，不满足他的基本需要，例如不允许他尖叫、攀爬、奔跑、出门等。

第七章
情感虐待

什么是情感虐待?

☐ 对儿童的无形暴力。

☐ 成人以不正确的方式向孩子传递不愉快的情绪（恐惧、悲伤、愤怒等）。

☐ 禁止孩子看他最喜欢的电视节目。

答案：前两个选项都是对的

父母和幼儿教育工作者虽然对身体虐待的危害已有广泛的认识和担忧，但是对情感虐待的危害却了解得很少。然而，其对儿童发展的影响真实存在。

情感虐待的例子

情感虐待包括心理虐待、语言虐待和结构虐待。任何对儿童的孤立、剥夺其自由、贬低、嘲笑、惩罚、施压、批评、侮辱、使其羞愧、恐吓的行为都是情感虐待，任何不能满足孩子对爱、亲近、安全感的需要的行为也属于情感虐待。

根据定义，以下行为属于对儿童的情感虐待：

·惩罚孩子；

·让他独自哭泣；

·不让他活动；

·把他与其他孩子隔离作为惩罚；

·对他大喊大叫；

·吓唬或威胁他；

·贬低他，说他"没用""是坏蛋""丑"等。

🔵 情感虐待对孩子的大脑有什么影响？

情感虐待会抑制孩子大脑的情感区域，特别是眶额皮质。这个位于前额眼窝上方的皮质主要参与认知功能，对人的社会生活至关重要：它可以调节情绪，平息激烈的情绪反应。

瑞典是世界上第一个禁止体罚儿童的国家，而且自 1979 年起，辱骂儿童也被禁止。

苛责式教育的后果

　　在 2013 年发表的一项研究中，宾西法尼亚大学心理学系教授丽贝卡·沃勒总结了以苛责式教育对儿童的影响为主题的 30 项研究的成果。她发现，对儿童进行以纪律和惩罚为基础的苛责式教育会产生与预期相反的效果：在青少年时期，这些孩子往往会变得冷漠、咄咄逼人、缺乏同情心。

第八章
集体与社交

集体生活能否增强孩子的社交能力？

☐ 能——大家都这么说。

☐ 不能——没有理论支持。

答案：不能

集体生活能否让儿童变得善于社交，取决于孩子的年龄、性格、教养方式、照料者、每周在学前教育机构的时长，以及集体中的儿童人数。也就是说，有许多因素在共同起作用。

众所周知，一家好的学前教育机构在父母心中地位很高。父母们都听说集体环境是让孩子社交的最佳方式，所以如果能将孩子送进一家名声很好的托儿所或幼儿园，他们会像中了彩票一样高兴。

实际上，现实情况没有那么乐观。许多专家对早期集体育儿持谨慎态度。首先我们应该知道的是，集体幼托机构最初是为了满足父母必须外出工作的社会经济需要，而不是为了满足儿童的需要而设立的，儿童需要适应这个新的生活环境。

回到最初的话题。理论上来说，如果一个孩子很容易与他人构建关系，主动寻找并喜欢他人的陪伴，他就会被认为是一个善于交际的孩子。人们从这一现象中总结了一条规律：在集体里，孩子会和许多人接触，他自然会增强与人互动的能力，体会到交往的乐趣，从而很自然地变得善于交际。多么乐观的想法啊！

遗憾的是，以上的幻想遗漏了 4 个细节。

1）孩子的社交能力是天生的，取决于孩子的先天性格。在孩子的一生中，个性会随着他的过往经历、积极或消极的体验、与他人的互动、父母的教养方式以及自己的社交能力而变化。

2）传统的学前教育机构里负责照顾孩子的成年人人数较少（每 8 名会走路的儿童由 1 名成年人照顾，每 5 名还不会走路的儿童由 1 名成年人照顾）。然而我们知道，婴儿的大脑在其出生后很长一段时间内仍在继续发育。孩子需要在出生的头几个月里与大人保持近距离的关系，这种与大人面对面（更确切地说是身体对身体）的深情关系将帮助孩子建立内在的安全感，使他具备与他人交往的能力。

3）学前教育机构把很多儿童聚集在一个空间里。虽然人类是集体生活的物种，但这并不意味着我们要挤在同一个空间里。尤其是当儿童还很幼小，大脑还在慢慢发育的时候，他们无法控制自己的情绪和冲动，与群体生活相关的烦扰和压力也会导致儿童之间频繁的冲突。

4）要使儿童变得善于社交，关键不在于互动的数量，而在于质量。

然而，集体里儿童数量多而照料者数量少，不可避免地会增加儿童之间发生冲突的可能性，从而损害照料者和儿童之间的正向联结。

结论：集体生活无法让孩子变得善于交际，但是它能帮助孩子吸收一些社会生活的规则，提供与其他孩子交往的机会，只是现实情况要复杂得多。根据实践经验和对幼儿发展的理解，我认为从孩子18~24个月开始，一个小规模的集体（比如小型托儿所）对孩子的社交发展是有利的。

第九章
任性

孩子在地板上打滚是任性吗？

☐ 是任性——孩子很狡猾，最好不要屈服于他的任性，以免被他
掌控！

☐ 不是任性——这只是孩子对未得到满足的需求做出的爆发性情绪
反应。

答案：不是任性

想象一下，作为幼儿教育工作者的你花了四分之三的薪水从商场买
了一件漂亮的白色亚麻布夹克，到了幼儿园，你得意洋洋地向同事们展
示你的新衣服。你走进孩子们所在的教室，他们正在玩耍，你准备走过
去和孩子们打个招呼，就在这时，一个孩子把画笔掉在了桌子上，墨水
飞溅，你的纯白色的夹克上瞬间出现了很多红色的小斑点。这简直是灭
顶之灾！

此刻你心烦意乱，陷入崩溃，并哭了起来。这时，三岁的小卡罗琳走近你，问："你为什么哭？是因为你外套上的红点吗？没关系，我可以送给你很多外套，而且我还有更漂亮的、上面有冰雪女王的外套！好了，别再胡思乱想了，来和我们一起画画吧！"在这个认为你反应过度的孩子看来，你难道不是在做一件"很任性"的事情吗？

在我看来，"任性"这个词是一种价值判断。认为一个孩子任性是以成年人的角度，觉得孩子的情绪表现在当时的情况下是不合理的。因为可以肯定的是，我们成年人绝不会为了得到苹果酱而在地板上打滚。不过，如果公司老板拒绝了我们的休假申请，我们可能就会度过一个非常糟糕的夜晚！不同年龄会遇到不同的挫折，这就是为什么我们要努力抛开成年人的思维准则去看待孩子。

别忘了，活在当下的年幼孩子没有能力推迟自己的需求，更不用说调节或缓和自己的情绪了。换位思考一下，我们不应该对孩子要求太高。

刚才我们讨论了触发情绪的原因。现在，我们要讨论下一个问题——爆发性情绪的表现。

> 把幼小的孩子的情绪看作"任性"，这样的判断会切断我们的同理心，导致我们对孩子的表现做出不恰当的回应。
>
> 要知道，每一种不恰当的行为都是需求未得到满足的反映。我们应该努力理解在那一刻孩子内心的想法。

第十章
三脑理论

为什么小孩子会有这么大的情绪？

❑ **因为他们正经历着巨大的挫折。**

❑ **因为他们大脑的某些部分还不够成熟。**

❑ **为了让大人更快地屈服于他们的要求。**

答案：当然是因为他们大脑的某些部分还不够成熟

就像无法解出数独题一样，年幼的孩子也无法调节自己的情绪。因为大脑上部的新皮质与情感大脑还没有很好地连接，所以孩子无法自然地控制原始的恐惧、愤怒和冲动等情绪。新皮质是负责推理、分析、计划和预测的区域，也是最晚发育的大脑区域。人类是大脑发育所需时间最长（20~25 年）的哺乳动物。不过，拨云见日终有时！到了5~6 岁的时候，孩子就已经能够很好地面对负面情绪了。

当孩子的基本需求（安全感、吃饭、睡觉等）得不到满足时，大脑就会处于警觉状态，就好像他的身上挂着闪烁的警灯，随时准备呼叫。此时，他大脑里的杏仁核——情感大脑的主要指挥中心，会把信息传递给下丘脑，刺激下丘脑分泌应激激素，使孩子的身体为逃跑或攻击做好准备，就好像他面对的是一只巨大的猛犸象！

孩子在这种警觉状态下会不由自主地出现强烈且不可预测的情绪反应。他可能会大哭、跺脚、打滚、尖叫、挥舞拳头、把头往地板上撞、打人、咬人等等。换句话说，孩子正处于无法控制的情绪风暴中，他不是不想冷静下来，而是不能冷静下来。孩子的前额叶皮质以及在皮质和边缘系统之间传递信息的路径尚未成熟，使得他被困于当下的情绪，无法理智地看待问题。

当老板不批准你的休假申请时，作为成年人的你为什么不会在地上打滚呢？这是因为当你的杏仁核开始焦躁，想释放出大量的压力荷尔蒙时，你的新皮质——大脑里的"佐罗"（美国动画片《火影忍者》里的英雄人物）——就开始发挥作用了。它将抑制杏仁核的躁动："说实话，你的反应太夸张了，没批准休假也没什么大不了的，用不着大惊小怪！"因此，新皮质可以帮助你分析情况、正确认知，并释放抗焦虑物质来安抚你。好险，你差一点就爆发了！

> 通过安抚正在经历强烈情绪的孩子，你参与了他大脑的发育进程：无数的大脑新皮质细胞逐渐与情感大脑的细胞建立联系。
>
> 渐渐地，新皮质和情感大脑之间的沟通会使孩子自发地脱离恐惧或愤怒的原始状态。

你知道三脑理论吗？

20世纪60年代，神经生物学家保罗·麦克里恩提出了"脑的三位一体"的概念，即"三脑理论"。他在这个理论中把大脑比作一幢房子。

在房子的一楼，我们可以看到古老的"网状脑系统"。这个最古老的网状脑系统有5亿~6亿年的历史，可以追溯到我们爬行动物祖先的时代。它能够使人通过有限的本能行为，如吃、喝、睡、攻击、逃跑等生存下来。

在房子的二楼，我们可以看到"边缘系统"或称"情感脑系统"。情感脑系统和网状脑系统相比更年轻，它被认为是在2亿~3亿年前随着第一批哺乳动物的出现而发展起来的。情感脑系统与愤怒、恐惧、愉悦等情绪关联密切，也是人的价值判断和感觉的所在地。这些判断和感觉在不知不觉中影响着人的行为。

房子的三楼，也就是顶楼，是"新皮质"或称"大脑皮质系统"，它占整个大脑体积的85%，拥有约100亿个神经元，其中前额皮质是重中之重。新皮质使我们能够学习、交流、想象、抽象思考、预测和共情，是产生好奇心、创造力和理性的地方，就像一台没有任何情感的电脑。

在压力环境下，人的情感脑系统会比大脑皮质系统更加专注于生存。这就是为什么当情绪占了上风时人们很难理智地思考！

一个简单的例子可以说明在与理性脑的交锋中情感脑占上风：把一本填字游戏书和一盒火柴递给在冰川里冻得奄奄一息的人，他肯定会把书里的纸撕下来生火取暖，而不会沉迷于解填字游戏书中的谜题，因为这是人的生存本能。

虽然三脑理论能让我们更清晰地理解人类的行为，但是它的一些观点已经过时了。在三脑理论之后，科学家们对大脑的解剖学研究不断产生新的发现：几个大脑系统可以相互依赖、相互影响，比如连接边缘系统和大脑皮质系统的通路就是如此。今天，人们认为大脑的各个区域是相互作用的整体，而非三脑理论所论述的那样相互独立。

第十一章
拟成人论

"拟成人论"是什么意思?

☐ 假装成大人的孩子。

☐ 把孩子看作幼小版成年人。

☐ 模仿儿童的大人。

答案：把孩子看作幼小版成年人

虽然"拟成人论"这个词看起来好像很复杂，但它的含义其实非常简单，而且关系到孩子、父母、幼儿教育工作者的日常生活。

🔵 儿童不是小大人

"拟成人论"指的是试图用成年人的术语来解释儿童的行为，把成年人的特性强加在儿童身上，认为孩子的某些行为是挑衅的、反常的、操控的、反复无常的、恶毒的、嫉妒的，认为孩子是戏精、虐待狂、算计者等等。成年人给孩子安的罪名列都列不完，但实际上我们忽略了一个关键问题，那就是即使年幼孩子的行为在所有方面都与成年人的行为相同（如伸舌头或眨眼），但这种行为背后的意图却大不相同。

🔵 孩子的大脑和成年人的大脑不可相提并论

为什么孩子的大脑和成年人的大脑不可相提并论？这是因为成年人的大脑具有成熟、高水平的认知功能，能够理解抽象的陈述，猜测他人的想法，调节自己的情绪，对情况进行深入分析，记住过去的事件，预测将要发生在自己身上的事情，等等。而年幼的孩子不具备这些能力，虽然他的大脑有巨大的潜力，但不幸的是，它还不够成熟，无法调动所有的认知能力。孩子的大脑需要很长时间才能达到成年人的成熟水平。（大约 30 年，这也太长了！）

"他是个虐待狂！"

我在培训课程上努力向听众解释"拟成人论"是什么的时候，通常会分享我在巴黎的一家托儿所里亲身经历的一件小事。

当时我正在这家托儿所里给"婴儿班"的老师们讲课。这时，一位"幼儿班"的老师冲进来打断了我，她喊道："海洛伊丝，过来看一下，我们班里发生了一件可怕的事情！"我很感兴趣，就跟着她过去了。

这位老师告诉我，就在几分钟前，小男孩蒂亚戈坐在小女孩的背上，用右手拉着女孩的头发，把女孩的头撞向地面，并且边撞边看着老师。"他还对我微笑……他是个虐待狂！"这位老师惊恐地对我说。

我回答她说："不，这个孩子不是虐待狂，也许他长大后会变成一个虐待狂，但现在这么说为时尚早。如果他已经 40 岁，拥有成熟的大脑和与之匹配的认知能力却做出这种行为，那我们就真的需要恐慌了。不过，一个不到两岁的孩子出现这种情况，我们应该做的是搞清楚他这种行为的缘由。"

我们或多或少都上当了

有意思的是，听完我分享的这个有关"拟成人论"的故事以后，大家发现自己都上当了。不管他们的童年经历、年龄、性别、受教育程度、职业、资历、所处的社会文化如何，他们都上当了。

我们倾向于把成年人的意图强加给年幼的孩子。即使小蒂亚戈看着你的眼睛时不会激怒你，你可能也会倾向于相信他要激怒你。你越累，越崩溃，越有压力，你的情绪就越强烈，你就越不理智，就越有可能陷入"拟成人论"的陷阱。

18 个月大的蒂亚戈没有能力挑衅成年人

我们顺便了解一下，"拟成人论（adultomorphism）"这个词是从哪里来的？它是由"拟人化"派生出来的，也就是把人的特征和属性泛化到动物或物体身上，例如《爱丽丝梦游仙境》中总是迟到的白兔，《宝嘉康蒂》中睿智的树叶祖母，《美女与野兽》中快乐的烛台等。

因此，如果你认为小蒂亚戈有能力故意挑衅成年人，就如同你认为小白兔有能力读懂时间、害怕会迟到一样！从这个角度来看，你的观点就显得更加不理智了。

也许你会辩解：兔子的世界观和思维方式与我们的不同。既然如此，那么为什么你这么难相信小蒂亚戈也有与我们不同的世界观和思维方式呢？

第十二章
社会性参照

跌倒后，为什么孩子在哭之前会看着你的眼睛？

□ 因为他要依靠你的面部表情来确定自己是否处于危险之中。

□ 看看自己是否得到了你的关注。

□ 测试成年人的反应。

答案：第一个选项，这是本能反应

在发展心理学中，这被称为"社会性参照"。成年人也有这种行为：参考对话者的情绪表现来评估情况的危险程度，并相应地调整自己的行为。因此，当孩子跌倒后看向你时，如果你看起来很担心，那么这个小家伙可能会哭；反过来，如果你表现出积极的情绪，他可能就会恢复平静。

🔵 在有危险的时候，我们会本能地看一眼别人

想象下面的场景：你正在火车上阅读本书，车厢里很安静，突然你

听到"砰"的一声，你立刻抬起头来，察觉到潜在的危险。作为一个关心自己生命的哺乳动物，你觉得自己的第一反应会是什么？

你会观察周围人的面部表情。如果他们表现出积极的情绪，你很可能会重新投入到阅读中；相反，如果其他乘客看起来很恐慌，你可能就会惊慌失措。

为什么？因为这是刻在基因里的本能，它会让人们参考他人的判断来确定环境中危险的真实程度。这种行为是进化的结果，让人提升生存概率。一直以来，这都是社会心理学中从众和参照群体理论有关研究的主题。

💬 同样的原则也适用于年幼的孩子

继 1981 年约瑟夫·坎普斯和 1982 年索菲·费曼的开创性研究后，发展心理学实验室做了很多关于幼儿社会性参照的研究。

从 9~10 个月开始，儿童开始表现出社会性参照行为，在 12~14 个月达到顶峰。

社会性参照研究中有一个经典实验：幼儿被放在一张高高的椅子上，对他来说，这是一个全新和未知的场景；一个成年人（可以是幼儿的母亲，也可以是任意身份的人）在椅子下方放置一个有趣又有点令人害怕的电子玩具，比如毛绒小牛。成年人打开玩具的开关，小牛开始"哞哞"叫起来，声音越来越响。在场的成年人不能说话，只能通过面部表情和手势来传递情绪，无论是积极的还是消极的都可以。

研究人员发现，无论幼儿面前是自己的母亲还是陌生人，从毛绒小牛发出第一声鸣叫开始，孩子就会用目光积极地寻求成年人的回应。幼儿反复看向成年人，目光在成年人和小牛之间来回穿梭。幼儿表现得惊慌失措还是平和淡定，取决于成年人所传递的情绪。从这个实验可以知道，由于幼儿的语言理解能力非常有限，因此阅读他人情绪的能力至关重要。

结论：你就是幼儿的社会参照者。因此，当你面对不确定或有压力的情况时，如果不存在危险，请务必表现出积极的、令人放心的情绪。别忘了，孩子在观察你！

回应行为问题背后的心理需求

第十三章
总想被抱着

有些孩子总是想要大人抱着他，让大人围着他转。很多照料者可能对孩子的这种需求感到不舒服，因为他们会感觉自己的时间被孩子占据了。

🔵 为什么孩子如此渴望大人的怀抱？

▶ 孩子生来就是不成熟的

如果把人类婴儿出生时的能力与其他哺乳动物对比，我们就会惊奇地发现：人类婴儿非常不成熟，而且对成年人非常依赖。长颈鹿出生后大约 30 分钟就能站起来，人类婴儿需要大约 10 个月的时间才能学会爬（只是爬，而不是直立行走——人类进化史上的里程碑）。要想让人类婴儿的大脑发育得像其他哺乳动物宝宝刚出生时一样成熟，人类婴儿根本就无法出生，因为他的颅骨直径会大得无法通过母亲的骨盆。

▶ 孩子天生就依赖成年人

为了让婴儿在发育不成熟的情况下生存，大自然已经将一切安排好了。大自然对婴儿进行了"编程"，使他身边总有能够确保其生存需求的成年人。

　　婴儿带着抓握反射能力来到这个世界，这种反射会使他紧紧地握住手中的东西。人们认为，这种反射的最初目的是使婴儿能够紧紧抓住自己的母亲，从而逃避危险。如今，这种能力将有助于婴儿和所依赖的成年人建立依恋的纽带。此外，婴儿还配备了强大的警报器（哭闹和尖叫），确保在有需要的时候让成年人感知到。大自然设计得多么精妙！

他只是需要你的拥抱

　　我经常听到照料者抱怨："他总是想要抱！"然而实际上，"想要抱"并不是一种欲望，也不是任性或心血来潮，而是孩子生存所必需的行为，就像吃和喝一样。

　　与成年人产生身体接触是孩子的基本需求之一，孩子要依靠它生存。不幸的是，集体幼托机构的存在使得孩子不再有机会整天待在成年人的怀抱里！

孩子不会"拥抱上瘾"

　　与人们普遍认为的相反，孩子不太可能"拥抱上瘾"。有的人可能会说，如果成年人总是习惯性地抱着孩子，孩子就会要求更多的拥抱，整天都要被抱着。不是这样的。拥抱不像香烟或酒精那样会让人上瘾。虽然在产科病房、儿童保育中心和学前教育机构里，这种毫无根据的想法很普遍，但在依恋心理学的研究中，这种观点已多次被证伪。

　　人们发现，婴儿的需求被满足得越充分，他在 12 个月大的时候就越独立、越平静。孩子依恋成年人是为了更好地脱离成年人，走向独立。此外，孩子并没有兴趣一直待在成年人的怀抱中，他想要的是探索和发现世界！但要做到这一点，他就必须先建立起内心的安全感。

压力环境使孩子更想投入成人的怀抱

全新的或不安全的环境（托儿所、幼儿园、第一次去奶奶家等）会使幼儿处于压力状态，并刺激他与成年人保持身体上的亲近。这就是为什么孩子在一天中压力比较大的时候，比如进入新环境的时候、吃饭的时候等等会更想待在你的怀里。

你那令孩子安心的怀抱能促进孩子内啡肽和催产素的分泌，这些激素能给孩子带来幸福的感觉，缓解孩子因环境变化而产生的压力。

相反，如果成年人不满足孩子亲近的需要，孩子就会陷入压力状态，导致健康激素的分泌被阻断。

你是孩子的航空母舰

当你在孩子身边时，孩子就会感觉自己可以平静地探索周围的环境。如果说孩子是飞机，那么你就是它的航空母舰。航空母舰必须随时待命，这样飞机就可以在需要的时候降落。如果航空母舰此时不可用，那么飞机就会考虑是否要离开。因此，孩子觉得大人在必要时可以帮助他的时候，就会愿意和其他孩子一起玩，并敢于冒险，探索新的领域。

这就是为什么当你站起来忙其他的事情，或另一个孩子坐到你膝上时，"幼儿飞机"会立即朝你扑过来。这并不是出于嫉妒，而仅仅是孩子生存本能的表现。顺便说一句，你不必告诉孩子需要你拥抱的不止他一个人，他还理解不了这些。

51

❯ 次要依恋对象

通常情况下，母亲是孩子的主要依恋对象，而集体幼托机构的老师很可能是孩子的次要依恋对象。这意味着老师已经与这个孩子建立了一种特殊的关系，孩子本能地知道在集体里谁能够满足他的需求。这意味着老师的怀抱比其他人的怀抱更能安抚他，但不如他妈妈的怀抱。这也是为什么在他的妈妈到达教室之前，他可以安静地玩耍，而当妈妈走进教室时，他就开始哭泣。孩子发现自己的依恋对象出现后，会自发地表达需求。就像你我一样，在见到我们的伴侣、父母或最好的朋友之后会自然地进行情感抒发。

❯ 像影子一样追随依恋对象的婴幼儿是健康的

在我看来，比起那些像影子一样追随依恋对象的孩子，那些无论什么时候都不愿意被人抱在怀里的孩子，和那些从一个成年人的怀里去到另一个成年人的怀里，却表现得没有任何差别的孩子，这两种类型的孩子似乎更令人担忧。与大家普遍认为的相反，良好的适应并不是指孩子不哭泣也不尖叫。与父母分离会在不同程度上给婴幼儿带来压力，孩子会焦虑，对安全感的需求增加，这些都是非常正常的现象。

发展心理学家玛丽·安斯沃思界定了三种基本的依恋类型：

· 安全型依恋①。这是最理想的依恋类型，孩子把依恋对象当作航空母舰，能积极地探索周围环境。

· 回避型依恋②。这种依恋类型的孩子是不可捉摸的，表面上看，孩

---

① 在 66% 的婴儿中观察到安全型依恋。
② 在 22% 的婴儿中观察到回避型依恋。

子是独立的，不会寻求与特定对象的联系。他对依恋对象的行为方式和对陌生人的行为方式一样，可以从一个人的怀抱到另一个人的怀抱，不表现出偏好。

·反抗型依恋①。这种依恋类型的孩子过度需要与依恋对象黏在一起，这会阻碍他对周围环境的探索。与依恋对象的分离会使他心烦意乱，但当依恋对象回来时，孩子又会出现相当矛盾的反应：他会紧紧抱住依恋对象的双臂，同时非常生气，很难安抚。

🔵 我们该怎么做？

🔹 只要有可能，就把孩子抱在怀里

这个建议是最有效的，能满足孩子的基本需求，但也是照料者最担忧的，担心越抱孩子就越难以放下他。实际上，你越满足孩子对身体亲近的需求，孩子就越会感到满足，之后对你的要求也就会越少。儿童和照料者之间必须经历磨合阶段，也许是一周，也许是几个月，这取决于孩子，取决于你，取决于亲子关系，取决于孩子在集体中的生活情况，等等。为了与孩子亲密接触，一些照料者选择背着孩子，婴儿背带是一个很好的选择。

🔹 身体和精神都"装着孩子"

当然，仅有肢体接触是不够的，孩子不是购物袋，而是一个充满情感的人。如果你不情愿或者紧张地抱着孩子，可能会增加孩子的压力，产生相反的效果。因此，用亲切和温柔的态度回应孩子也非常重要，与

① 在 12% 的婴儿中观察到反抗型依恋。

同孩子保持身体接触一样重要。

像航空母舰一样随时待命

当你舒适地坐在地板上时，可以邀请孩子坐在你的身上。如果他觉得自己准备好了，就会离开你，自己玩。在孩子四处探索的时候，你也可以坐在地板上，保持与孩子的目光接触，看着他玩球，让他知道，如果他需要你，你随时都能出现在他身旁。你越能当好一艘值得信赖的航空母舰，孩子这架小飞机就越有勇气去探索四周的环境。

一开始，孩子可能会紧紧黏住你，就像邮票黏在信封上一样。几天或几周后，他可能就会离开你，去地板上探索，但会随时与你保持身体接触，例如在你大腿附近玩耍。再过几天或几周后，他会扩大探索区域，在房间里游来荡去，但要随时和你保持密切的眼神交流，并定期检查你是否还在原位。最终有一天，他将能够在离你很远的地方玩耍。他会看你一眼，确保你在场，但只有在需要的时候才会来找你。

最重要的是，你要有信心。虽然你的努力在短期内并不一定见效，但你会在日复一日的努力中看见曙光。

还有一个很重要的细节可以让我们知道孩子是否已经做好了准备：在这个标志性的独立时刻，孩子会躲起来，他允许大人在自己的眼前消失。当孩子觉得自己有能力时，会允许大人存在于想象中，而非真正陪在自己身边。

在一天中的重要时刻拥抱孩子

在每天的固定时间或重要时刻拥抱孩子，给他充电，可以是早上见面的时候、午餐时、吃点心时和下午回家之前。即使你只拥抱孩子一分钟，这也会成为只属于他的一分钟。在这一分钟里，孩子可以放心地依赖你。

即使在房间的另一端，也要保持与孩子的联系

即使你需要离开孩子去忙其他事情，也要时不时地看着他，和他说话，让他知道你没有忘记他。即使你在远处，也要看着他，同他交谈，向他微笑，告诉他你在做什么。

离开时要做的事

如果有人接替你照顾孩子，那么当你离开孩子时，需要花一些时间把孩子交接给他人。

同时，要告诉孩子你即将离开，并拥抱他。有了你那令人安心的拥抱，孩子因为你的离开而产生的压力就会减少。不过不幸的是，这不适合独自带孩子的人。

选择接班人

作为幼儿教育工作者，如果你的工作类型是团队合作的话[①]，可以选择一位同事作为你的"接班人"。如果工作使你不堪重负、过于劳累，可以拜托一位同事通过陪孩子玩耍、吃饭，与孩子建立良好关系，并在你需要的时候接管，但要注意，避免让孩子身边出现太多"接班人"。孩子需要依恋一个特定的人，这样他才能向除你之外的其他人敞开怀抱。

[①]　不幸的是，许多学前教育机构（托儿所、幼儿园等）都没有足够的人手来进行团队合作。有时，老师不得不独自从早到晚照顾一群孩子，甚至连上厕所的时间都没有。

第十四章
不合群

有些孩子总是独来独往、不合群，这种情况并不少见。他更喜欢一个人玩，不愿意与其他孩子接触，这种行为经常被父母和老师所误解，但这并不是什么严重的事情。大多数情况下，这只说明了孩子内向的性格特征。

内向的孩子有问题吗？

所有孩子都是内向和外向的统一体

性格外向的孩子更倾向于向外界寻求刺激，他们通过与其他孩子的接触来获得能量。相反，性格内向的孩子则会从独处和宁静中获得能量和乐趣。那么，我们能得出"某种性格比另一种性格更好"的结论吗？答案是否定的。外向并不比内向好，也不比内向差。两种性格不同，仅此而已。然而，许多父母和老师都努力想让孩子变得善于交际，一旦孩子出现内向的迹象就会担心。事实上，没有任何一个孩子是百分之百的内向或外向。所有孩子都是内向和外向的统一体，只是表现出不同倾向而已。

❯ 每个人都有天生的气质和个性

我们每个人生来就带着一部分遗传的气质。如果你在 3 个婴儿耳边轻声说话，你可能会发现这 3 个婴儿对你的声音的反应是不同的。

第一个婴儿可能会睁开一只眼睛，对这种不寻常的声音表现出敏感；第二个婴儿可能会开始哭泣，处于警觉状态；第三个婴儿可能会保持深度睡眠。

研究表明，更谨慎、更喜欢独处的孩子的大脑更敏感，对不寻常的刺激会做出更敏锐的反应，包括压力荷尔蒙——皮质醇的分泌增加，心跳加快。"超敏反应"让孩子对陌生人产生更大的警惕。

在这种气质的基础上，经过生活的洗礼，孩子也可能表现出外向的性格特征。因此，没有什么是一成不变的，不要先入为主。

在努尔 3 岁的时候，另一个孩子抢走了她的玩具，她没有说"不行"，这并不意味着努尔在 33 岁的时候会受到同事的欺负。同样，一个孩子在两岁的时候觉得独自搭积木更开心，并不意味着他在 40 年后就不能管理一个团队。

❯ 对外向的追求只是文化倾向

在 21 世纪的西方社会，无论是成年人还是儿童，在群体中表现得善于交际似乎已经成为一种必要。在杂志上、电视上、电影里，你都能看到孩子们手拉着手一起欢笑，而形单影只的孩子则被别人指指点点。

对我们许多人来说，这种分享快乐的模式定义了我们的童年模式，塑造了我们的集体想象力。然而，对外向性格的重视本质上只是一种文化倾向。在日本，谨慎和克制是很重要的特质，以至于大部分日本人都形容自己个性害羞、举止得体。

内向的孩子有独特的优势

内向的孩子更善于观察，对人和处境有更好的分析能力。通常情况下，他们会表现出真正的自主性和高度的敏感性。心理学研究表明，一些性格内向的孩子长大成人后不仅成为了所在领域的杰出专家，还成为了因其智慧而受到赞赏的杰出影响者，比如埃莉诺·罗斯福、达尔文、甘地、拉里·佩奇、肖邦、普鲁斯特、罗莎·帕克斯、笛卡儿、爱因斯坦等等。许多伟大的人都性格内向，他们谢绝社交、享受独处，他们改变了历史的进程。所以，不必担忧。

或许不是性格问题，而是适应力的问题

并不是所有孩子都能适应集体生活。有些孩子能自发地融入集体，而另一些孩子则更为谨慎，在融入集体之前需要更多的适应时间。学前教育机构的老师在协助孩子融入集体的过程中起着关键作用。

我们该怎么做？

排除疾病

谈到一个孤独的孩子，人们就会不由自主地对照孤独症谱系障碍的早期征兆。为了打消这一疑虑，必须从整体上看待儿童的发展问题。

一般来说，性格内向的孩子也可以表现出良好的眼神交流，他的目光不躲闪，能表现出正常的游戏能力和语言发展能力。如果你仍心存疑虑，请参阅本书关于孤独症谱系障碍早期症状识别的部分，并与医生

沟通。

要注意的是，如果身处集体中，孩子却总是一言不发，则需要排除选择性缄默症——一种医学诊断，表现为孩子在家庭环境中能够正常地表达自己，但是在另一个环境中却一个字也不说。

▷ 排除心理痛苦的可能性

有时候，孩子的自我封闭是由悲伤、被虐待、受到创伤等严重的心理问题造成的，这时就需要从整体上进行综合评估。如果孤僻的行为是突然发生的，并伴随相关症状，如食欲不振、睡眠困难、持续悲伤、注意力减弱等，就需要寻求医疗帮助。

▷ 接受孩子本来的样子

这一点说起来容易，做起来难。根据自己的个性、人生经历和所受到的教育，每个人心中都有一个理想的孩子形象。孤僻的孩子会引起一些人的担忧，他们甚至完全无法理解一个喜欢独处的孩子。让孩子有做自己的自由，而不要把他变成我们想让他成为的人，这难道不是我们给孩子的最佳礼物吗？

▷ 观察孩子

从另一个角度来观察孩子，挖掘他的优点。你可以在不同的场景中仔细观察孩子，如做游戏时、参加活动时、吃饭时，并记录下他的长处。

▷ 给予孩子更多的关注

有时候，行为特别谨慎的孩子会被照料者遗忘。照料者经常琐事缠身，很难公平地分配自己的注意力。可是，这样的孩子只是没有表现出与大人交流的愿望，并不意味着他不需要交流。因此，你要主动和孩子互动，给他更多的陪伴，这才是对他有益的。

缩小孩子的社交圈

邀请孩子参加只有一两个孩子参与的游戏，因为孩子太多，可能会让他感到不舒服。简单的关系网络会给他带来乐趣，并鼓励他与别人建立友谊。这个做法不是要让孩子成为一个外向的人（这是不可能的，现在已经很好了），而是给他营造一个更适合他敏感性格的游戏环境。

让其他人尊重内向孩子的选择

集体有时就像一个丛林世界，孩子们探索整个空间，抓起他们触手可及的玩具，并不关心自己是否会对小伙伴造成伤害。当然，这并不代表恶意，因为在他们这个年纪还无法理解别人的感受。

因此，学前教育机构的老师要确保当一些孩子自由玩耍时，不会妨碍另一些孩子的独处。如果一个孩子喜欢独自玩耍，那么可以给他在地板上放一块小小的地毯，代表这是属于他的游戏空间。要知道，这种"物化"个人游戏空间的方式对所有孩子都是有益的。分享玩具也可以促进孩子间的互动，注意一定要给孩子们提供数量足够的同一种玩具，这样才能减少孩子们之间的冲突。

让父母放心

父母们很可能会担心自己的孩子社交能力弱，没人和他玩。作为学前教育机构的老师，当孩子的父母来接孩子的时候，希望你能告诉他们：今天小克洛伊和保罗一起玩了玩具卡车，玩得很开心。在与孩子父母交流的时候，一定要强调孩子的长处，准确地描述他独自进行的一些活动。对许多父母来说，你的专业视角具有很强的参考性。不要犹豫，你可以利用这种优势，让父母知道孩子受到了良好的照料，享受到了高质量的陪伴，让他们放心。

第十五章
不吃饭

面对一个不吃东西或吃得不多的孩子，你也许会感到不安。孩子究竟有没有摄取到足够的营养？吃得太少会不会影响他的生长发育？应该怎么做才能让他多吃一点？然而，过度担心孩子不吃东西或过于坚持让孩子多吃都会适得其反，导致恶性循环。那么，我们该如何应对呢？

🔵 为什么孩子会拒绝吃东西？

🔹 食欲在变化

幼儿的食欲同成长速度一样，是不断变化的，可能会因为自己和周围人的情绪、身体和心理的疲劳程度、营养需求、已经获得的食物，以及在学前教育机构和家庭中所遇到的生活变化而有所改变。

🔹 孩子有自己的进食节奏

孩子对饥饿和饱腹的信号非常敏感，能够本能地吸收身体生长所需数量的食物。孩子对食物的需求每天都不一样，这取决于他的生长曲线、身体疲劳程度以及健康情况。如果他在午餐时吃得很少，就会在加餐或晚餐时进行弥补。另外，不要忘记把食物摄入量与孩子的身高和体重放在一起衡量。幼儿健康生长所需的食物量远低于成年人。孩子摄入的所有食物都必须考虑在内，包括他在桌子上捡到然后飞快塞入嘴里的小面包屑。

面对新环境的自然反应

孩子在来到新环境的最初一段时间里可能会出现食欲下降的情况，这可能会发生在适应期结束时，也可能发生在入住新家或进入新集体后的几周内，这是生活突然改变而产生的自然反应。从一个家到另一个家，或者从一家机构到另一家机构，对许多孩子来说都是一个挑战。环境改变意味着所有的空间和时间参照点都改变了，就像我们换了工作、换了同事、换了时间表、换了路线一样，不少成年人都会为此感到沮丧。因此，在习惯之前，通常会有一段必要的适应时间，从几天到几周不等。

用餐环境和方式存在问题

如果一个孩子什么都不吃，那么可能不是盘子里的东西不吸引他，而是吃饭的方式让他烦恼。在确定孩子不排斥食物以后，就应该考虑食物以外的因素了，如周围的人、气氛、探索食物的方式、吃饭的节奏、孩子可能承受的压力，等等。

要知道，盘子里的食物只是一顿饭的冰山一角。在这个关键时期，孩子既需要获取来自食物的营养，也需要获得情感和社交方面的滋养。吃饭的时间应该是快乐的时间！别忘了，小宝宝保持坐姿比较困难，所以为了保持身体平衡而花费的力气可能也会影响他的食欲。

探索食物的需要

当大人强迫孩子用勺子吃饭时，有些孩子就会吃得不太开心。孩子需要探索食物，想要调动 5 种感官和 10 个小手指，这种对食物自发的多感官探索会使孩子熟悉食物。对孩子来说，这不是游戏，而是学习。此外，婴幼儿无法对周围的事物进行分类，也无法区分哪些食物可以用手，哪些食物只能用勺子。因此，可以让孩子用手指抓取食物进食，从而促进食欲。

隐形压力

有时候，那些无法让孩子好好吃东西的照料者会觉得自己做得不够好。这种感觉虽然不应该存在，但是却很常见。如果孩子的家人总是询问照料者"孩子白天都吃了些什么呀？"，那么这种感觉就会更加强烈。同时，与吃相关的压力往往会不可避免地传到孩子身上，形成恶性循环。

对新食物的恐惧

在孩子大概两岁的时候，"新食物恐惧症"就会出现。在这个时候，孩子会拒绝尝试新食物。孩子会仔细地观察食物，做鬼脸，拿起食物玩，但就是不把它们放进嘴里。这种对新奇事物的恐惧一般不会很强烈，通常持续几个星期到几个月，时间长短主要取决于成年人的态度。

到了这个年龄，孩子已经能够分辨熟悉的食物和新食物了，他开始有了一些经验。这种判断力很重要，可以让他避免吃下危险的东西。孩子确实有必要对食物保持警惕，这是生存的需要。

🔵 我们该怎么做？

➤ 个人层面

学会放手和放轻松

你越害怕孩子不吃东西，吃饭的时候就会越担心，并且越有可能感到紧张和压力。要知道，幼儿对非语言信号非常敏感。和孩子相处要学会放手，尽可能地保持淡定。总而言之，别大惊小怪。

饭前给孩子一个拥抱

用餐是孩子与成年人、与集体建立联系的时间。为了最大限度地增强孩子的幸福感和你们在这段时间里关系的质量，你可以在饭前和他独处，与他面对面做游戏，给他一个拥抱，与他共享一小段充满乐趣的时光。有了这段温情的时光，孩子的大脑会分泌催产素，这种依恋荷尔蒙能增加孩子的幸福感，减轻他的压力水平。这将是你们建立联结的机会，让你们能够平静地用餐。

温柔、平静地向孩子介绍食物

为了让孩子能够很好地认识一种食物，需要多次（平均6~10次）将它呈现在孩子的面前，这样孩子才会更有可能品尝这种食物。

不要强迫孩子吃东西

研究表明，孩子压力越大，吃得就越少。坚持要孩子吃东西的做法往往会产生相反的效果，因为孩子会本能地对你表现出的情绪产生抵触。和你一样，婴幼儿也可能会因为压力或挫折而吃不好。

不要给孩子贴上"吃货"或"不吃东西的孩子"的标签

虽然这样做不是你的初衷，但是这些标签可能会导致孩子食欲下降，甚至拒绝进食。

鼓励孩子自主进食

对于稍微大一点的孩子，可以建议他自己摆好小盘子，戴上围兜，按照他想要的方式（比如用手指、勺子）吃东西。不要忘了给他鼓励，这是能让他好好吃饭的动力。孩子越觉得自己能控制局面，就会越有活力。

让孩子下--顿吃好

孩子吃得很少，也许是因为不够饿，也许是因为吃饭时的气氛让他不舒服。你可以过一段时间再给孩子端上食物。你可以告诉孩子这么做的原因，并且每天保持同样的安排，以免打乱他的生物钟。

关注孩子的生长曲线

为了孩子的健康，你要密切关注他的生长曲线，并及时询问医生，确保孩子的体重曲线是正常的。重要的是，要确保短暂的食欲下降对孩子的生长曲线没有影响。

集体层面

营造良好的氛围

对孩子来说，一顿饭的气氛和愉悦程度几乎和食物一样重要。因此，说话的时候要轻声细语，不要让孩子或整个集体感受到规则和禁令带来的沉重压力，规则和禁令过多会让孩子感到有压力。在用餐时刻，应该让孩子保持愉悦，感受到乐趣。

唱歌

如果你在陪孩子进食的时候感到有压力，可以在餐桌旁哼一首小曲，这样可以让你放松，同时也能让孩子感受到你在陪伴他。唱歌能产生一种非常有效的放松效果：从胸部呼吸到腹部呼吸，给自己充氧，大脑会分泌内啡肽——一种具有抗抑郁特性的健康荷尔蒙。

保持吃饭时间和地点的一致性

为了让孩子们在吃饭的时候保持安宁和快乐，一定要遵守惯例：每个孩子都在自己的座位上吃饭，和同一个孩子相邻，并保证在每天的同一时间用餐。另外，你可能也注意到了，你自己也总是在家里的同一个地方吃饭。在生命的各个阶段，我们都是遵守惯例的人。

如果偶尔计划有变动，那么为什么不创造一个饭前唱歌、讲故事或放松的仪式，以此宣布午餐时间的开始，从而减轻变化给孩子带来的压力呢？

第十六章
不睡觉

有些孩子总是双眼大睁，不爱睡觉，这让父母和学前教育机构的老师很担忧，因为睡眠对幼儿的生长和发育十分重要。

为什么孩子会难以入睡？

睡觉就意味着分离

睡觉，意味着孩子要短暂地与那些能让他感到安心和兴奋的人或物品，即身边照顾他的大人、其他孩子、最喜欢的玩具、熟悉的东西等等分开。上床睡觉也意味着要从活动区这个充满活力和明亮刺激的环境转移到黑暗和孤独的环境——睡眠区。在这里，孩子会感到孤独。他在黑暗中，在焦虑中，做着他的梦，甚至可能是噩梦。最后，睡觉还意味着孩子要从儿童特有的强活动状态转变为被动、放松的状态。

要知道，年幼的孩子活在当下，他们无法像成年人那样认识到午睡能让自己在下一段清醒的时间里更有活力，也无法理解睡眠对自己身心健康的重要性。

孩子缺乏安全感

孩子的睡眠情况要根据他一天中其他时间的状态来评估。有时，那些刚刚熟悉集体的孩子还不自信，或者说还没有足够的自信来让自己进入睡眠。

和成年人一样，孩子也需要足够的安全感来降低警觉性，让自己入睡。从这个意义上说，遵守惯例、建立睡前仪式必不可少。幼儿有着警觉的大脑，能够预测睡觉前会发生的事件才能让他有安全感。

此外，和成年人一样，孩子也无法控制自己的睡眠。事实上，对一些孩子来说，他们并不是不想睡觉，而是睡不着。即使收到了别人的指令，又有哪个成年人可以在任意一个确定的时间立刻进入睡眠呢？

并不是所有孩子都有相同的睡眠需求

就像食欲一样，孩子对睡眠的需求也因人而异。平均而言，婴幼儿一天的睡眠需求大致如下：新生儿 16 小时，6 个月的婴儿 15 小时，1 岁的婴儿 14 小时，2 岁的幼儿 13 小时，3 岁的幼儿 12 小时。因此，当孩子的睡眠时长明显小于以上平均值，或经常出现以下表现时，就需要引起大人的关注：易怒、高度兴奋、注意力不集中、易冲动、无法接受挫折，或者相反，困倦、迟钝、不停地哭泣、需要一直被抱在怀里、眼神空洞、经常揉眼睛等。

同一个孩子的睡眠需求也会变化

睡眠的质量和时长会随着儿童中枢神经系统的发育和成熟而变化。当孩子在生理上或心理上有了新的收获，在家或在集体中经历了某些事情后，可能就会出现入睡困难的情况。这些事情可能是爸爸换了工作、奶奶去世、家里添了个弟弟、经常照料他的老师离职、与其他孩子发生冲突、房间墙壁的颜色改变等，所有这些变化都可能在大人不知情的情况下影响孩子。

⟫ 在集体中和在家里的表现不同

孩子在集体中和在家的睡眠情况并不总是一样的，因为这是两种完全不同的生活环境。

有的孩子可能在家睡得更好，有的孩子可能在集体中睡得更好。从理论上说，孩子更容易在家里、在父母的陪伴下入睡，这是符合逻辑的。因为家里的环境是他熟悉的，让他感到温暖，令他安心。在这个环境中，他已经建立了无数的参照点。不过，有些孩子在集体中会比在家里更容易睡着，因为在集体环境里，他能在一群孩子有仪式感的陪伴下入睡。

● 我们该怎么做？

⟫ 个人层面

让孩子睡在生活区

如果孩子不愿意进入睡眠区，更不愿意入睡，请不要犹豫，就让他在生活区入睡吧。只要确保环境是舒适的、安全的，符合孩子爱动的生理特点就可以。熟悉的环境（明亮、充满人声和其他各种声响）可以让孩子安心，帮助他入睡。

作为学前教育机构的老师，在决定这么做之前，一定要花时间向孩子的父母解释为什么要这么做。有些家长可能会认为让自己的孩子在生活区睡觉，而其他孩子在睡眠区睡觉，是孤立了自己的孩子，老师要打消家长的这种疑虑。另外，如果孩子年龄很小，在生活区睡觉还有利于大人在婴儿睡眠期间更好地监测他的状况。

保证照顾的连续性

幼儿对与你的身体接触和接触的时长特别敏感。在给孩子喂食和换尿布后，一定要陪孩子睡觉。如果你把孩子放在垫子上，哪怕只有几秒钟，也会打破这种陪伴的连续性。孩子可能会因此陷入压力状态，开始哭泣，而且这种不寻常的放置会使他保持警觉，从而影响睡眠。

提供个性化的支持

不是所有的孩子都可以在远离父母和舒适的家后独自入睡，孩子在刚加入集体的过渡期通常是很有压力的。需要注意的是，从吃午饭、脱衣服到进入睡眠区这段时间里，特别敏感的孩子会产生焦虑，他会感觉自己在不情愿的情况下参与了集体活动，这就是为什么老师需要特别关注这样的孩子。

在午睡前几分钟，给孩子安排一段与你面对面独处的时间，可以拥抱他，与他交流，问他有什么感受、午餐吃了什么、早上玩了什么等等。这些温柔和充满感情的交流可以促进孩子催产素的分泌，给他"充电"，安抚他的情绪，这有利于孩子入睡。也可以牵着他的手陪他进入睡眠区，坐在他的床边，用手轻拍安慰他，这样他就不会觉得自己被冷落。慢慢地，这些仪式会让他感到安全，使他最终可以发挥自主性，度过这个特殊的阶段。

不要强迫孩子睡觉或躺在床上

你不能强迫孩子睡觉，就像你不能强迫他吃饭、脱衣、说"对不起"一样。因为你的这种态度会适得其反，令孩子不舒服，甚至会加剧他的不安，从而对午休产生恐惧（也许你自己也会）。如果孩子不想睡觉，你可以让他睁着眼睛躺在床上休息，你可以告诉他："现在是午休时间，如果你不想睡也没关系，你可以躺在床上休息一会儿……"如果他不想进入睡眠区，你可以给他一个玩具或让他在生活区里独自活动。

不管怎样，你还是要让孩子知道他有自己的床，并建议他每天都在床上休息。另外，如果他不想脱衣服，可以让他穿着衣服上床睡觉。

确保醒来时你在场

稳定的睡眠环境有利于放松和获得安全感。对婴幼儿来说，如果入睡的时候你在身边，他醒来后却发现你不在，可能会引发他的焦虑。有些孩子醒来时，如果没有看到照顾他们的大人就会开始哭泣。同理，最好不要入睡前把孩子抱在怀里，而当他睡着以后就把他放在床上。因为如果孩子醒来以后发现环境和自己入睡时的不一样，可能就会因为焦虑而大哭。

❯ 集体层面

创造午睡仪式

从清醒状态到睡眠状态，或者从生活区到睡眠区的突然变化，需要老师预测孩子的反应，考虑和照顾孩子的感受。重复的仪式会帮助孩子更平稳地度过这一阶段。老师可以在午睡前组织集体唱歌或讲故事，把孩子们聚集在一起，减轻所有人的压力和不安。当然，不是每个孩子都必须和其他孩子坐在一起，每个孩子都可以用自己的方式参与。要确保每天在同一时间、同一地点重复这项活动。可以在播放列表里收藏几首安静和舒缓的歌曲，如果是哄睡歌曲就更好了。要注意的是，不能突然宣布进入午睡时间，有些孩子可能会反抗，特别是当他们还没有做好准备或者玩兴正浓的时候。我们不能打断孩子专心致志的时刻。

小声点，放松点

在午睡的前几分钟，让大家低声说话，降低生活区的噪声，让孩子进入安静的环境。别忘了作为老师的你是"乐队的指挥"，如果你陪着孩子在寝室里大喊大叫、手舞足蹈、跑来跑去寻找丢失的玩具，孩子会很难安静下来睡觉，这让那些敏感的孩子如何放松呢？如果你对一个孩子大喊大叫，要求他冷静下来，这是无法成功的。还有一个办法：打个哈欠，放松你自己的神经，并且鼓励孩子也打哈欠和放松。当然，要保证效率，因为其中唯一的风险是你可能会比孩子先睡着。

安排床位有诀窍

靠近门口和靠墙的床位可以使孩子更容易入睡。因此，睡眠区中间的床位最好安排给那些睡得很沉的孩子，而四周的床位则留给难以入睡的孩子。

不要让睡眠区太黑

午休的时候应该保留部分室内光线，不然孩子的大脑会误以为是晚上，从而产生夜晚睡觉时才会分泌的褪黑素。

给孩子提供属于他自己的安抚物

在有些只提供半天托育服务的学前教育机构里，同一张床可能由好几个孩子共享。因此，给每个孩子提供属于他自己的安抚物品很重要，比如提供一个玩偶、一条孩子喜欢的小毯子等。

呼……
呼……
呼……

他睡得真香呀！

第十七章
如厕问题

每年都会有很多家长担心孩子的如厕问题。孩子即将离开家或托儿所，进入幼儿园，随着开学日的到来，家长也越来越焦虑。家长比以往任何时候都更需要老师的支持，只有这样才能帮助孩子平稳地度过生命中的这一关键阶段。

🔵 正确看待来自幼儿园的压力

每年 3—4 月份孩子被幼儿园录取以后，家长们的焦虑就会加剧。有些幼儿园在开家长会的时候，园长会对家长说："如果孩子不会自己上厕所，他就不能被录取，6 岁前不是义务教育。"这种武断的，甚至有些侮辱性的说法，往往会给家长和孩子带来压力。

虽然家长的担忧是合理的，但也有点多余，有以下三个原因：

- 原因 1：现在才 3 月，距离孩子上幼儿园还有 5~6 个月的时间。在孩子茁壮成长的这半年里可能会有无数收获，包括获得控制大小便的能力。

- 原因 2：在上幼儿园的第一个学期里，孩子控制不了大小便是可

76

以原谅的。重要的是家长和老师要提供支持，好好沟通，这样压力就不会落在孩子身上。

· 原因3：许多孩子会在一夜之间突然摆脱尿不湿，有时是在他们去幼儿园的前一夜，有时是在去幼儿园的一两周后。我们要相信孩子。

🔵 可以教孩子控制括约肌吗？

孩子控制括约肌（打开与关闭肛门和膀胱的肌肉）的能力大约在2岁半获得。3岁时，孩子白天可以很好地控制括约肌，但夜里自主控制括约肌还需要等年龄再大一些。5岁以后还尿床才是遗尿症，在5岁之前，睡觉尿床是正常的。

一个孩子能够倾听和分析自己内心的感觉时，就能做到不尿裤子了。在这之前，不是孩子不讲卫生，而是他做不到，他的大脑和膀胱壁之间的连接还没有发育完成。控制大小便的能力与孩子的意愿无关，这个能力取决于他神经系统的发育程度，而不是进入幼儿园的日期。这个过程是自然和自发的，因孩子而异，不能人为加速，揠苗助长不可取。

我们不用教孩子爱干净，就像我们不用教孩子翻身或长牙一样。自主控制括约肌取决于孩子的兴趣和他脱离尿不湿的欲望。通常，孩子在心理上准备好之前，他的身体就已经准备好了。因此，要让孩子自己掌控节奏，当他准备好的时候，不再依赖尿不湿是自然而然的事情。

🔵 不爱干净的孩子就是脏孩子吗？

以前，大人认为需要对孩子进行训练，使他从动物转变为文明的人类。第一步就是要让孩子从爬行到直立，训练孩子站起来、学走路。学会自己控制大小便也是父母对孩子进行训练的项目之一。在孩子很小的时候，父母就会教导孩子要保持干净。

我们必须知道，对括约肌的控制能力是进化选择的，是为了确保人类的生存。我们的原始祖先不会控制排尿和排便，所以他们身上残留的气味很容易被捕食者发现。值得注意的是，大小便总是与污垢联系在一起，这是一个武断和以种族为中心的观点。排泄和排遗是正常的生理反应，是自然现象，数百万年以来在哺乳动物身上都存在。

因此，没有必要让还没准备好的孩子学会自主控制大小便。为了强调这种能力的生理、发育和自然特征，老师可以和家长谈谈对括约肌的控制，告诉家长这种能力的发展特征。

🔵 尊重孩子的节奏，循序渐进

家长虽然不能教孩子控制括约肌，但是可以按照孩子的节奏对他进行陪伴。如果家长觉得自己的孩子对大便、尿液、小马桶和内裤特别感兴趣，或如果孩子的尿不湿长时间都是干净的，那么可以在厕所里放一个孩子自己挑选的小马桶，并建议孩子隔几个小时用一次。

如果孩子在家里已经形成规律排便的习惯，老师就可以在集体里接下接力棒了。可以给孩子读一些关于排尿和排便主题的绘本。书籍有一种奇妙的能力，可以激发幼儿的好奇心。

🔵 前进一步，后退三步

请记住：孩子控制大小便的能力不是线性获得的，就像习得任何其他能力一样。因此，可能会发生这样的情况：孩子在一段时间里想要用尿不湿，在几天或几周后又想用小马桶。这时，要尊重孩子的意愿。这不是退步，只是进程中的一个新阶段。孩子平均需要 3~6 个月才能自主控制大小便，大小便失禁的意外也不可避免，而且可能会持续到 5 岁。这就是为什么孩子在 5 岁前都不会被诊断为患遗尿症和大便失禁。

　　同样，如果孩子有几次憋不住大小便，很可能是因为他还没有准备好。在这种情况下，最好尊重孩子的意愿，过几个月再让他尝试用小马桶。强迫孩子自主排便可能会恶化父母和孩子的关系，诱发孩子的压力状态，导致便秘，并进一步推迟自主如厕的进程。

好吧，等你再长大一些，
问题就会迎刃而解……

第十八章
总是哭

　　不管是几岁的孩子，白天总是哭都会给成年人和其他孩子带来压力，使身边的人感到疲惫。照料他的成年人会感觉自己被无休止的哭声淹没了，会感到压力，有时还会觉得很无助，甚至觉得自己很无能。当孩子用大声哭闹来表达自己的不安时，我们怎么做才能让他感到安全呢？

🔵 孩子为什么哭？

▷ 关乎生存

　　从生命的最初几秒钟起，婴儿就要开始与周围的人建立联系。这种需求是有原因的，与小长颈鹿生出来 30 分钟后就能站起来不同，小婴儿在生理和心理上都依赖成年人。他的生存百分之百都取决于成年人，这是多么大的责任啊！

▷ 表达需求的方式

　　由于对成年人的照顾高度依赖，大自然赋予了婴儿一系列行为，使他能够在迫切需要的情况下让成年人赶来照顾自己。在所有这些行为中，哭泣和尖叫令人神经紧张，尤其让成年人感到不适。

❯ 处于警觉状态

最轻微的不适、危险或挫折，如不安全感、饥饿、寒冷、疲劳等，都会使孩子处于警觉状态，导致其依恋系统被激活：他会哭泣和尖叫，直到大人满足他的需要。一旦需要被满足，依恋系统就会自发暂停。几千年以来，哭闹增加了婴儿生存的机会。

总结

大人离开→孩子充满不安全感→进入警觉状态→依恋系统被激活（哭泣、尖叫）→希望接近所依赖的大人，直到需求得到满足

大人把孩子抱在怀里→孩子有安全感→不再处于警觉状态→依恋系统关闭→不再哭泣，不再尖叫

❯ 需要依恋对象

在 6~9 个月大的时候，孩子会选出依恋对象，即保证自己生存和安全的成年人，这是他信任的成年人，也是他在需要的时候会优先求助的成年人。在大多数情况下，母亲是孩子的主要依恋对象；父亲、祖辈、保姆、学前教育机构的老师通常也是孩子的依恋对象，但被称为次要依恋对象或附属依恋对象。依恋对象对孩子来说是安全感的根基。

孩子的依恋对象就像航空母舰。让我们以一名婴儿和他的依恋对象为例：

· 婴儿是飞机；

· 依恋对象是航空母舰，飞机从航空母舰起飞，在航空母舰上降落；

· 航空母舰必须随时待命，以便飞机在需要时降落，当航空母舰无法为飞机所用的时候，飞机就不会起飞。

因此，如果孩子感到安全，觉得大人可以在需要的时候帮助自己，他就会敢于独自去探索一个空间，和其他孩子一起玩。

最好的天然抗压剂

同出汗和小便一样，哭泣也可以让孩子释放因为压力累积而产生的毒素。哭泣可以使孩子从压力状态转向健康状态。可以说，在这种情况下哭泣是必需的。因此，没有必要千方百计地阻止孩子掉眼泪。在这种时刻，最好的应对方式就是把孩子抱在怀里，用温柔和同理心陪伴他。

当心错误观念！

哭闹不是孩子的怪癖，也不是他在演戏。孩子既不是操纵者，也不是演员。孩子哭泣总有充分的理由，尽管这些理由常被大人轻视。在任何时候，婴幼儿所表现的态度和行为都不是理性的或经过深思熟虑的。幼小的孩子不能强迫自己哭泣，他哭泣是由大脑中无法控制的部分引发的。

另外，没有"抱习惯就放不下了"这一说。发展心理学的研究强调：对婴儿的警告信号（尖叫、哭泣）反应越迅速、越恰当，婴儿在一岁左右就会变得越自信、越独立。

🔵 我们该怎么做?

➤个人层面

与孩子保持无形的联系

与孩子保持无形的联系意味着让孩子知道你就在他身边，能够给予他安全感。如果你不能把他抱在怀里，就要在视觉上（时不时地寻找他的目光）或言语上（时不时地与他交谈）关注他。总之，要让孩子知道，你没有忘记他，即使是在他没有哭的时候。

增加拥抱和令孩子安心的身体接触

延长与孩子亲密接触的时间，比如和孩子说话、给孩子喂饭。正在哭泣的孩子处于压力状态下，把他抱在怀里能使其分泌催产素，从而减轻他的压力，增加他的幸福感。

确保孩子见到你时能得到热情欢迎

见面时，与孩子拥抱几分钟。

必要时可以使用安抚奶嘴

安抚奶嘴的确可以起到安抚孩子的作用。吮吸可以给孩子带来快乐，并能够通过促进内啡肽和催产素的分泌来降低压力水平。大多数孩子会自发地吮吸手指，就像他们在妈妈的子宫里那样，这些孩子并不需要大人给的奶嘴。不过，让孩子使用奶嘴要适度，尊重孩子的节奏。不要让奶嘴成为阻止孩子哭泣的塞子，这会使孩子无法释放压力毒素。

集体层面

营造宁静的氛围

喧闹环境是儿童和大人压力与焦虑的来源。每个孩子天生就能自然地适应周围环境的压力，因此要尽可能营造宁静的氛围。孩子承受的压力越小，就越不需要靠大哭来发泄情绪。

给孩子创造藏身处

藏身处可以是一个大纸箱，也可以是用帘子代替柜门的小柜子。在任何年龄阶段，尤其是孩童时期，人们都喜欢待在一个小小的空间里，从集体的热闹中抽身片刻。"隐身"是多么快乐啊！

第十九章
多动

有些孩子在白天表现得非常活跃，他看起来焦躁不安、异常兴奋。"他特别好动，跑来跑去，安静不下来！"照料者会这么抱怨。往好了说，他是一个爱运动的孩子；往坏了说，他是一个多动的孩子。

💬 怎么解释孩子的兴奋？

▶ 正处于大运动发育的年龄

从出生到 3 岁的这几年里，幼小的孩子有很多事情要做：抬头、转身、坐着、站起来、走路、抓握、传递……简而言之，孩子将按照自己的节奏一个接一个地获得多个运动技能。这里的运动技能包括精细运动的技能（例如抓取橡皮擦）和大运动的技能（例如双脚跳跃）。

▶ 孩子需要运动

为了获得这些能力，并在运动和心理层面上获得良好的发展，孩子需要了解自己的身体感受。正是通过运动，他才能探索周围的环境（咦？布娃娃比爸爸的胡子软！），测试自己的运动能力（哇！没有支撑我也能站稳！），以及逐渐了解因果关系（哇！当我松开瓶子，它就会掉在地上，太奇妙了！）。

💬 基因里带着探索精神

每一次探索、每一次实验、每一次发现、每一种感觉都会在孩子的大脑里产生数以千计的神经元连接，并直接促进他的智力发展。孩子不是想要探索，而是需要探索。试探、攀爬、到处钻、去不该去的地方，这就是他每天的活动。阻止孩子自发的探索，不仅阻碍了孩子的活动，更阻碍了孩子智力的发展。

💬 缓解紧张情绪

和成年人一样，对孩子来说，运动也是释放日常生活中紧张和受挫情绪的好方式，可以培养健康的心态。

💬 集体效应

我们应该在孩子所处的环境中分析他的行为。我们不要忘记，孩子所在的集体充满刺激：孩子和大人都在走动、奔跑，充满尖叫声，周围五颜六色……孩子在充满刺激的环境中更容易激动。

同时，压力和躁动是会传染的，就像感冒和打哈欠一样。因此，照料者自身的压力会给孩子带来压力，使孩子激动起来，而躁动不安的孩子反过来又给照料者造成压力，形成恶性循环。

💬 疾病的征兆

孩子强烈的躁动有时可能是某种疾病的征兆。这种疾病可能是由照顾不周、缺乏成年人的关注、未得到足够的休息、家庭生活压力所引起的。

⟩ 孩子不是故意找麻烦，只是需求未被满足

孩子的前额皮层不够成熟，无法控制自己的情绪和冲动。如果他异常激动，那是因为他的基本需求没有得到满足。你要及时找出并满足孩子的这种需求。

⟩ 不要和多动症混淆

注意，不要给孩子贴上"多动症"的标签。多动症这种说法在日常生活中经常被人们过度使用。多动症是一种疾病，被称为注意缺陷多动障碍，只有在孩子年龄更大的时候才能由专业的医学团队做出诊断。

● 我们该怎么做？

⟩ 个人层面

用目光给予孩子积极的关注

如果你想改变孩子的行为，也许应该以不同的方式看待他。

让孩子有规律的户外活动时间

户外活动可以使孩子从紧张和累积的压力中解脱出来。在天气允许的情况下，每天都应该带孩子外出活动，使其在大自然中释放天性。

留出积极交流的时间

可以给孩子一个拥抱，讲一个故事，陪孩子玩一个游戏……有些孩子表现出躁动仅仅是因为大人没有给予他们足够的关注。

毫不犹豫地给孩子一个拥抱

午睡后，当你感觉到孩子很紧张时，可以轻轻地给他一个拥抱。

给孩子布置一些小任务

当孩子紧张、烦躁的时候，任务会吸引他的注意力。完成任务可以培养他的自尊，加上你给他鼓励、向他祝贺，就会更加有效。

开展小活动

让孩子加入绘画、剪纸、野餐等活动，以吸引和引导孩子的注意力。

玩吹泡泡游戏

用吸管吹气或吹羽毛能够调节孩子的呼吸，有助于摄入氧气，让他放松下来。

选择合适的衣物

家长可以给孩子穿宽松、柔软的棉质衣物，避免给他穿不舒服的紧身裤和过长的连衣裙，这些衣物会阻碍孩子的运动。对婴儿来说，给他选择开襟或交叉款的衣服，不要选择套头衫，也不要给他穿背面有凸起装饰（如装饰的小翅膀）的衣物。别忘了，小家伙经常躺着，这种类型的服装会让他感到不舒服。

监测睡眠

家长还可以观察孩子晚上是否睡得好，以及他是如何睡着的。缺乏睡眠会使孩子白天情绪焦躁。回想一下孩子在家里是否会使用电子屏幕。如果是，要弄清楚孩子一天看多长时间、什么时间看。此外，不建议孩子在早上去托儿所／幼儿园之前和晚上入睡之前使用电子屏幕。

集体层面

营造宁静的集体氛围

尽量把孩子们分开，分散在集体的不同区域（活动区、教学区、游戏区……）。每个孩子都会受到集体氛围的影响。环境越安静，孩子就越平静。

减少禁令

提供符合孩子年龄的运动设备，搬走有安全隐患的家具。孩子喜欢爬架子，那么是否因为这个架子，孩子每天都要听到无数次"不要爬上那个架子"的禁令？对此，老师有两个选择。如果架子对孩子来说是危险因素（可能随时会倒下来），那么可以把架子从孩子的活动区域搬走；如果架子很安全，老师就可以把架子留在原处，允许孩子爬上去。可是如果把架子留在那里，却总告诉孩子不可以攀爬，就会让孩子产生很多本可以避免的挫败感，这对总是听到禁令的孩子和整天强调禁令的老师来说都是痛苦的。

要知道，孩子基因里就带着喜欢攀爬物体的天性，如喜欢爬楼梯、翻墙、爬椅子、爬桌子、爬架子等等。这些行为对孩子来说是必需的，是学习的过程，因为孩子的大脑会根据反馈的物体形状信息来探索物体。

安排仪式化的放松时间

每天在同一时间，如饭前或下午 5 点左右，让孩子和大人聚在一起放松、"充电"。当然，这并不是指所有人都必须躺下休息，每个孩子都可以用自己喜欢的方式度过这段放松时间。

重新考量环境因素

环境对孩子的行为有很大影响。因此，当孩子特别激动的时候，可以评估一下当时的环境：房间里有多少孩子？有多少老师？老师是站着的还是在活动？人们是聚集在一个角落里，还是分散在整个区域？思考重要的一点：气氛是让人安心，还是让人感到有压力？根据观察结果重新评估环境因素。

重新设计空间布局

教室里的家具布置会影响孩子的注意力。家具的高度最好小于70厘米。将玩具家具（玩具车库、娃娃屋等）面向活动区域而不要面向墙壁摆放，这样孩子们在玩耍时就能与老师保持眼神交流。以游戏区域为中心安排空间可以提升孩子的专注力。老师可以选择一个能够看到孩子，同时也能被孩子看到的位置坐下来，增加孩子的安全感。

另外，作为成年人，老师可以观察自己的心情和压力情况，因为老师的情绪可能会在不自觉的情况下传递给孩子们。

91

第二十章
叛逆

孩子在成长过程中会经历几个所谓的叛逆阶段。事实上，当幼儿表现出叛逆时，他并不是想对抗大人，而是想展示自己与大人不同，只是他笨拙的态度常常被曲解。那么，如何转变思想，支持孩子拥有新的自主性？

🔵 为什么孩子会和成年人对着干？

➤ 孩子在成长

在孩子两岁左右时，由于心理和运动能力的发展、语言能力的大爆发，他获得了新的自主性。孩子会肯定自己：我长大了，我有自己的想法。孩子想要独自做决定。这是一个自我肯定的阶段，将持续几天到几个月，时长取决于大人对此的态度。

孩子自我意识的萌发往往会让大人感到惊讶，甚至感到恼火，觉得被冒犯。因为在这之前，孩子一直都听大人的话，乖乖遵守大人的指示，而现在却开始对大人说"不！"。孩子的反抗态度很坚决，非常享受自由意志，这种行为让许多人感到不理解：在成年人面前，不应该由孩子制定规矩！这也是许多父母和学前教育机构的老师的心声。如此就形成了大人与孩子的对抗关系，在这种关系中，许多成年人不惜一切代价维护自己的权威。

孩子不是叛逆

年幼的孩子并不会像我们想象的那样反抗大人，而只会试图展示自己与大人的不同。实际上，真正推动大人与孩子建立对抗关系的并不是孩子，而是大人。要知道，在 4 岁之前，幼儿还没有"去自我中心"。也就是说，他还不能理解其他人有不同于他的观点、想法和需要。幼小的孩子是以自我为中心的，那些你误以为是挑衅、恶意或傲慢的行为，其实只不过是孩子在某一时刻的需求没有得到满足的表现。

我们倾向于根据自己的行为来解释幼儿的行为，即拟成人论。这会让我们误解孩子，也会给我们带来压力。很多时候，我们忘记了幼儿有一个完全不成熟的大脑，他的智力和各方面能力无法与我们的相提并论。成人与儿童的关系不是平等关系，而是强者与弱者的关系。

孩子经历了一场情绪风暴

由于你拒绝满足孩子的要求，他就开始生气、尖叫、哭泣，在地板上打滚。作为成年人，你觉得孩子的反应太夸张了，这个孩子很任性。然而，要知道，孩子的想法与你的完全不同。你认为微不足道的小事，对他来说可能是一场巨大悲剧。

在这个年龄，幼儿没有能力去夸大事实。在那一刻，他经历了一场巨大的情绪风暴。当孩子的基本需求（关注、安全感等）得不到满足时，他的大脑就会处于警戒状态，最终崩溃，分泌大量压力荷尔蒙。幼儿的理性大脑与情感大脑的连接还未发育完善，他还没有获得对自己情绪的控制能力。因此，孩子情绪爆发时需要大人对他进行安抚，让他产生安全感。

孩子越累，反抗就越强烈

傍晚，孩子已经度过了漫长而充满刺激的一天，他感到压力很大，精疲力竭，此时他与大人的矛盾就会凸显。他会难以忍受挫折，"电量"几近耗竭。在某个时刻，他会爆发，会因为一件对你来说微不足道的小事而崩溃。例如，你提醒他不可以爬到柜子上，此时你的话语就像压垮骆驼的最后一根稻草。孩子开始哭闹，而哭泣能让他从积累一天的紧张情绪中解脱出来。

孩子在回应你专横的态度

幼儿的身心每天都在成长，在这个阶段，他需要一定的空间才能茁壮成长。因此，当成年人对他过度控制，做出非常专制的指示时，孩子就可能会感到压抑和紧张，压力水平升高，对挫折的容忍度降低。此时，他就可能会与大人对抗。

我们该怎么做？

保持冷静和放松

当孩子情绪失控时，大人经常会与孩子较劲，对孩子失去耐心。这个时候，你可以试着深呼吸，恢复平静，并重新唤醒自己的理智和同理心。记住，孩子不是故意的。沮丧的情绪会让你滋生挫败感，变得咄咄逼人，并让孩子感到害怕。你如果坚持和孩子较劲，就会陷入恶性循环。因此，你要控制自己的情绪，并接受孩子的情绪，再一点一点地教孩子如何更好地控制他自己的情绪。

记住：孩子的情绪失控反映了需求未得到满足

孩子也许是因你的态度、自身的恐惧、注意力涣散和累积的疲劳而出现爆发式负面情绪。因此，你要预测他行为的原因并对此做出回应，而不要对他的行为做出反应。简单来说，就是要试着找出他的哪个需求没有得到满足。

经常和孩子拥抱，陪孩子玩耍

与成年人的亲密接触可以减轻孩子的压力，增强他的幸福感。一个身心放松的孩子会比一个紧张、压力大的孩子更容易合作。

给孩子选择的空间

如果你希望孩子乖乖照你说的做，而不和你对抗，那么你可以给他一些选择的空间。例如，你可以把一句命令——"去睡觉吧！"，变成一个问题——"我们刚吃过午饭，现在你想要做什么？想睡觉吗？"。给孩子一些选择的自由，例如"你换尿不湿的时候想玩什么玩具？""你想和你的布娃娃一起睡觉吗？"。

不管怎样孩子都要上床睡觉，给出选择并不是对孩子做出让步，而是以另一种方式达到你的目的。不过，要避免过于复杂的选择。一般来说，你可以给孩子提供两种选择，因为让年幼的孩子做决定并不容易[1]。

---

① 做决定意味着选择方案A而非方案B，也就是要否定方案B。然而，否定需要对大脑额叶进行刺激，这个年龄的孩子还不具备这一能力。

要适应孩子总是说"不"

96

交给孩子一个任务

当你觉得孩子不听你的，或者与你作对的时候，就交给他一个非常简单的任务。例如，对他说"你能把内森和路易丝的睡袋带过来吗？他们忘记拿了！"。这样可以吸引孩子的注意力，让他的大脑忙碌起来。更重要的是，这会让他感觉到自己更有价值、更有责任感。为了让孩子感觉更好，当他完成了任务时，一定要记得鼓励和祝贺他！

第二十一章
不守规矩

年龄稍大一些的孩子会想让自己表现得与大人不同，不想总是遵守大人制定的规则。然而对年幼的孩子来说，不遵守规则并不是他们"不想"，而是"不能"，因为他们的理解力并不像我们想象的那样好。那么怎样让年幼的孩子理解我们呢？

为什么孩子总是不能很好地理解规矩？

理解能力还处于发展中

在 8~12 个月大的时候，孩子能够理解简单命令，如"不"或"关门"，前提是大人曾经对孩子说过同样的词，并且大人的面部表情与词的含义一致。在 24~30 个月，孩子能够理解复合命令，比如"去洗手间帮我拿尿不湿"。注意，理解先于行动，孩子在自己说话之前先要掌握词语的含义。

孩子先感受到你的情绪，然后才明白你的话

对年幼的孩子来说，他首先会感受到你话语里所带的情绪，然后才能理解你所说的内容。因此，在孩子看来，任何非语言信号——你的眼

神、语调、姿势，甚至你的面部表情，都比你所说的内容更重要。在这些信号的基础上，孩子再解读你对他的要求。

有时候，一些不太喜欢发出明确指令的照料者会用过于复杂的措辞来强调禁令，他们还想给孩子讲道理："不能咬比拉尔，我跟你说过很多遍了。""你怎么不让金姆过去？她也想玩滑梯。"或者说："你不能爬上那个架子，我和你说过很多遍。如果你摔倒了，你会受伤的。"通常，照料者在提出这类要求时会一脸平静，富有同情心，甚至会面带微笑。可惜的是，主要依靠大人的情感表达来理解语言含义的孩子，根本无法理解照料者说的话。

孩子活在具体的概念中

在 12~24 个月大的时候，当大人给孩子发出一个指令（从孩子的角度来看，是一系列难以理解的词）时，孩子首先会理解名词（如扶手椅、玩偶、尿不湿）和动词（如爬、跑、尖叫）。这个年龄段的孩子能理解具体的、有形的以及与已知环境有关的事物。

年幼的孩子无法理解抽象或概念性的词语，比如"你想想你刚才做了什么！""我告诉过你，要等轮到你的时候。"或"我和你说话的时候，你要听我说！"。在这里，动词"听"对你和对孩子来说意思不一样。对你来说，它更像是动词"服从"；而对孩子来说，它却是字面意义上的动词"听"。因此孩子可能不明白你为什么要用愤怒的语气让他听你的，因为他已经在听你说话了。

孩子活在当下

规则、禁令是复杂的概念，例如"不许咬人"。年幼的孩子无法理解要将一个指令应用到多个场景，也无法理解像"好"与"坏"这样的抽象概念。例如，上午 10 时 34 分，当一个孩子咬住诺拉的胳膊时，你告诉他不许咬人。在这个孩子看来，你说过的话在下午 3 时 25 分就不适用了。由于前额皮层不够成熟，即使一个年幼的孩子能逐字逐句地复述你经常跟他说的规则，他也无法抑制冲动。因此，孩子不合作并不代表他不听你的话，也不能说明他坏。

➲ 禁令因人而异，也因孩子和时间而变化

每个照料者对各类行为都有着自己的容忍极限。例如，有的人能接受孩子倒着从滑梯上滑下来，或是带着玩具爬上运动器材，而有的人则无法接受这些行为。

有时，老师对被贴上"麻烦"或"不听话"标签的孩子比对其他孩子更严格。一般来说，老师在早上会更坚定、更严格，在一天结束时会更松懈、更宽容，因为他们已经重复说了几十次同样的禁令，难免感到疲惫。所有这些变化都会扰乱孩子对信息的正确理解。

● 如何制定更容易被孩子理解的规则？

➲ 与孩子单独交谈

当你想和孩子说话时，可以蹲下来保持和孩子一样的高度，并离他大约 30 厘米。当孩子跑来跑去、注意力在别处时，不要隔空向他喊话。理想的做法是走到他身旁，面对面地和他说话，这样便于孩子集中注意力，理解你的话。

❯ 态度坚定但不咄咄逼人

确保你的面部表情与禁令的内容相符，即脸绷紧、皱着眉头，看起来不满意。但是不要带有攻击性，否则会给孩子造成压力，适得其反。

❯ 发出肯定指令，而非否定指令

从语言学的角度来看，幼儿较难处理否定指令，因为比起肯定指令，理解否定指令涉及更复杂的脑力活动。

如果你对孩子说"不要咬诺拉的手臂！"，孩子必须先在智力上理解你的指令（咬—手臂—诺拉），然后再"取消"它。这样做很难，因为孩子正处于行动中。与其告诉他"不要爬到椅子上"（这么说的话孩子可能会理解为可以爬上椅子，然后开心地玩耍），不如简单地对他说"下来"。

因此，要多用简单的肯定指令。

❯ 多用"不要"，少用"不许"

"不要"和"不许"会导致截然不同的态度。"不要"可以阻止孩子不恰当的行为，而"不许"的语气更强烈，更容易引起孩子的反抗。你可能已经注意到，在说"不许"的时候，你的姿势和面部表情比说"不要"的时候更紧绷，此时你的面部表情是严肃的，你可能会皱起眉头。

❯ 一次只说一个指令

年幼的孩子无法同时在头脑中存储多个信息，排优先级，并由此计划自己的行动。因此，如果想让孩子做某件事，最好将指令分解成几个步骤。

🍂 对孩子说话后等待 5 秒

幼儿大脑的反应速度比成人慢得多，因为连接神经元的轴突上髓鞘还未发育完全。髓鞘是包裹在轴突外层的白色物质，在大脑成熟过程中逐渐形成，即髓鞘化，这是幼儿的神经系统发育必不可少的过程。幼儿大脑里光秃秃的轴突大大降低了神经冲动从一个细胞传递到另一个细胞的速度，所以幼儿的反应速度比较慢。我们要有耐心。

🍂 温和地干预

我们已经知道，比起智力活动，幼儿更容易理解那些与肢体动作和与具体物品相关的内容，用语言和手势指导孩子的行动比较困难。因此，如果你想要孩子听从你的要求，亲自示范是一个好方法。例如，如果你想要孩子从椅子上下来，那么最好的方式是带他一起坐到地板上。同样，如果你想让孩子不要咬诺拉的手臂，那么你就可以轻轻抚摸诺拉的手臂（当然是在诺拉同意的情况下）。这样一来，孩子可能就会模仿你。

🍂 提供安全的生活环境

年幼的孩子需要亲身体验周遭环境才能茁壮成长，幼小的他无法抑制自己四处探索的冲动。因此，不应由孩子来适应成年人的环境，而应该由成年人给孩子提供安全和满足他需要的环境。如果不允许孩子攀爬物体，那么为什么要把架子、桌子和椅子放在孩子触手可及的地方呢？不管是对孩子还是对你来说，重新调整孩子的生活环境能减少不必要的麻烦，也能减少你对孩子的禁令，避免让孩子遭受不必要的挫折。

▷与孩子一起执行规矩

如果要让孩子在成长过程中逐渐接受集体生活所需要遵守的规则，就要保证规则的内容一致，并且所有大人也都要执行。老师可以定期思考每一项规则的价值：这些规则是否满足了儿童安全的基本需要？有些规则是否只是出于大人的考虑，因为大人需要舒适和安静的环境？是否所有的老师都以同样的方式和语气提出规则？孩子真的能理解这些规则吗？如果答案是"否"的话，应该怎么做？

第二十二章
咬人

孩子咬人是最常见的问题，在集体环境中更是如此。学前教育机构的老师和家长面对一个咬人的孩子总是一筹莫展。

🌀 为什么孩子会咬人？

➥ 幼儿咬人的原因多种多样

幼小的孩子咬人、抓人和打人都不是出于暴力或恶意。幼儿以自我为中心，他无法理解咬人会伤害另一个人。孩子咬人有着不同的原因，可能出于一时冲动、消极的情绪状态，又或者是想探索他人的身体。咬人可能是孩子摆脱沮丧的方式，也可能是笨拙的交流方式。

➥ 孩子用嘴探索世界

嘴巴是孩子感知周围世界的器官，有点像第三只手。如果孩子经常咬人，可能是在用嘴探索世界。

➥ 孩子无法控制自己的冲动

要记住，年幼的孩子前额皮层还不够成熟，没有能力控制自己的情绪，更不用说进行推理了。

❧ 咬人也是一种表达方式

语言能力发展得越好，孩子就越不需要用咬人来表达自己。当遇到重大挫折的时候，幼小的孩子会用他最拿手的工具——他的身体表达自己。当孩子情绪激动的时候，他常常会不自觉地用自己的手、嘴或脚来表达情绪，而不会像我们所希望的那样用语言表达。

在这方面，成年人和孩子的区别也不大：尽管我们掌握了语言，能说会道，但我们当中有多少人在压力太大或感到愤怒的时候连话也说不出？有多少人出现负面情绪时会大力捶门、砸东西？从这个角度来看，我们对孩子的要求有时是连自己也难以做到的。

❧ 孩子需要获得关注

值得重视的是，如果幼儿在家中或在学前教育机构出现了许多不恰当的行为，很可能是因为大人对孩子的关注和爱护偏少。也许当大人给予孩子充分的关注时，孩子的行为就会有所不同。

❧ 孩子感受到了压力

孩子咬人的阶段一般是短暂的。也许持续几天，但特殊情况下也可能持续几个月，持续时间的长短取决于许多因素，包括孩子所处的成长阶段、日常生活、家庭状况等等。其中，最重要的是大人陪伴孩子的方式。另外，对年龄较小的婴儿来说，集体生活是巨大的压力源，尤其是当很多小孩子吵吵闹闹地挤在同一个空间，并且老师自身也表现出压力的时候，孩子承受的压力将是巨大的。

我们该怎么做？

个人层面

安慰被咬的孩子

照顾被咬、被打或被抓伤的孩子，同时帮助他用语言表达情绪："你哭可能是因为你感到很痛，也可能是因为你感到很意外。你哭很正常，一切都发生得太快了。现在我来帮你处理手臂上的小伤口。"重要的不是你说的话，而是你说话时表现出的温柔。

花时间陪伴咬人的孩子

对于咬人的孩子，责骂他、孤立他、强迫他说"对不起"都是没有用的。因为孩子在智力上还无法理解自己对另一个人做了错事。要等到孩子大约 4 岁时才会理解，那时的他就不再只关注自己了。虽然孩子要再长大一些才能明白这种行为是错误的，但你可以再次提醒他社交规则："你不可以伤害别人，就像没有人可以伤害你一样。"你可以牵着孩子看看正在哭泣的、被他咬的孩子，让他意识到咬人会让别人难受。

当孩子逾矩时，要保持温柔而坚定的态度

提高嗓门、表现得紧张和咄咄逼人只会引起孩子的挫败感和紧张感，适得其反。孩子这时候需要的是安抚。记住，温柔是孩子攻击性表现的最好解药。

记住：孩子的行为反映了需求

你的首要目标是找出孩子表现出攻击性的原因，及时满足孩子的需要，而不是惩罚孩子。当孩子出现不恰当的行为时，你可以问问自己以

下问题：发生了什么事？孩子需要什么？他睡够了吗？吃够了吗？运动得够吗？他今天和我有足够的身体接触和互动吗？他被过度刺激了吗？我对他的倾听够多吗？我对他的关注够多吗？

先发制人

在咬人或攻击他人之前，幼儿会向大人发出不适的信号。因此，我们要保持警惕。当你觉得孩子太兴奋、太紧张、太激动的时候，不要犹豫，给他一个新的刺激来吸引他的注意力，或者给他一个令人安心的拥抱。记住，你自己也要很放松！

定时给孩子拥抱

与成年人进行温暖的身体接触可以促使孩子分泌催产素，这种天然的抗压力剂会增加孩子的幸福感，从而使他平静下来。你可以通过一段时间的拥抱来滋养孩子的大脑，防止他的大脑陷入警觉状态，从而避免遭受挫折时产生冲动行为。

用积极的眼神看向孩子

与大人建立温暖的关系有助于给孩子"充电"。

不要斥责孩子

以不同的方式对待孩子可能会让孩子产生不同的行为。如果你斥责孩子，可能会在无形之中助长他的不良行为；而如果你用温柔和耐心对待他，那么就可能会见到孩子积极的转变。

对孩子进行细致的观察

在不同场合（吃饭、午睡、自由活动、入园、集体活动等）中对孩子进行观察，会帮助你细致、客观地了解他，明确他在什么场合感觉最好。

多用"不要"，少用"不许"

这两个词虽然感觉差不多，但是在孩子听来，两者带来的感受是不同的。"不要"是为了阻止孩子的某种行为；而"不许"则是禁止孩子做某件事情，这时大人的语气更强烈，态度也更强硬。

给孩子肯定指令，而不要给否定指令

例如，与其说"别咬艾玛"，不如说"摸摸艾玛"或"咬那个布娃娃"。幼儿更难理解和处理否定句，因为否定比肯定涉及更复杂的脑力活动。告诉孩子所有能做的事情，而不要跟他说哪些事情不能做，这样孩子的生活会更轻松。

▶ 集体层面

给孩子分组

一个空间里孩子人数越多，他们表现出攻击性的风险就越大。可以把孩子们分组，让不同组的孩子在不同区域活动。

分析具体情形

当一个孩子咬人、打人或抓人的时候，老师可以做以下分析：教室里有多少孩子？有多少大人？大人是躺在地上、站着，还是在移动？孩子是聚集在一个角落里，还是分散在整个区域？重要的一点：当时的气氛令人安心，还是让人感到压力？根据观察结果重新评估环境因素，环境对儿童的行为有很大的影响。

强调孩子做得好的事情

老师在与孩子家长的交流中，除了告诉家长孩子咬人的事情之外，还应该强调孩子与其他孩子友好相处和积极互动的时刻。

第二十三章
抚摸自己

有时，孩子会在照料者尴尬的注视下刺激和探索自己的生殖器。这一现象很少有人谈起，学前教育机构的老师在会议上也很难和同事们聊起这个话题，但这种现象并不少见。我们为何不抛开成年人的主观想法，客观、单纯地讨论这个问题呢？

🔵 为什么有些孩子会抚摸自己？

➤ 探索自己的身体

年幼的孩子探索自己的生殖器官，就像探索身体的其他部位一样，他会抚摸自己的脚趾、肚子、头发……

➤ 发现和测试身体部位的敏感性，获取安抚

随着孩子的探索，他很快就会发现自己的某些部位比其他部位更敏感。生殖器就是这样一个敏感部位，但它不是唯一的敏感部位。孩子会发现给脚趾挠痒痒比给膝盖挠痒痒的感觉更加强烈。有些孩子会在入睡前刺激生殖器来安抚自己，获得平静；另一些孩子可能会在焦虑的时候刺激生殖器来使自己获得安慰。

带来快感

触摸和摩擦身体最敏感的部位，如阴茎和外阴，会给孩子带来生理上的快感。

虽然这种行为看似与成年人的自慰行为相似，但事实并非如此。与成年人不同，孩子自我刺激不会引起性兴奋或性高潮，也不带有色情性质。孩子在垫子上摩擦他的阴茎，不代表他是小变态或长大后会成为性成瘾者。要知道，手淫是一种本能行为，所有的哺乳动物都有这种行为。

儿童的自慰行为使许多家长和老师感到尴尬和困惑，因为这与成年人的道德观、文化观和价值观相违背。人们很少会用"手淫"这个词来定义孩子的行为，而会用一些模糊的说法——"他在抚摸自己""他在爱抚自己""他在玩自己的小便器官"等。然而，你看到那一幕时的震惊反应将向孩子传达你的价值观。通过你不自觉的反应，你会无声地告诉孩子这种行为是健康的还是不健康的、自然的还是不自然的，是被禁止的还是被允许的。

羞耻心随着年龄的增长而形成

随着孩子的成长，他会逐渐拥有羞耻心。在 4~5 岁的时候，孩子在心理上将不再以自己为中心，也就是说，他会明白别人的想法与自己的不同。这种被称为"心智理论"的认知能力能够使儿童更好地理解社会规范，了解隐私和羞耻心的概念。例如，孩子 5 岁的时候知道自己不能光着身子去上学，而他 12 个月大的时候可不怕光着屁股去超市。

社会和文化使人们有了羞耻心，但并非所有文明都是如此。比如有些原始部落就没有需要穿衣的习俗，他们可以赤身裸体地生活，而不会感到任何不适。

因此，婴幼儿没有隐私概念和羞耻心是完全正常的，孩子在成长过程中会逐渐了解社会准则。相反，如果和你有着相同价值观的丈夫坚持要裸体上班，并一有机会就抚摸自己，那么你就要帮他找找原因，把他送到医院去检查一下。

🔵 我们该怎么做？

🔹告诉孩子，他有权触摸自己的身体

虽然可以触摸自己身体的每一部分，但对于最敏感的部位，最好还是自己一个人的时候再触摸。

🔹不要禁止孩子触摸他自己，不要生气，不要让他感到内疚

大人如果总是对孩子的自慰行为产生消极回应，可能会对孩子的心理健康造成负面影响。别忘了，孩子是在你的注视和回应下成长起来的，你的态度很重要。不要让孩子觉得对生殖器的刺激是不健康的，或是被禁止的。

🔹不要投射你的价值观

如前所述，幼儿的自慰行为与成年人的自慰完全不同。避免把你自己的禁忌、规则和价值观投射到孩子身上。

🔹如果其他孩子很好奇，可以向他们做出解释

作为老师，你可以用中立和慈爱的语气告诉其他孩子，这个孩子之

所以出现抚摸的行为是因为这给他带来了某种快乐。如果其他孩子愿意，也可以这样做，但是要在独自一人的时候。

打破成见

为了让大家对这个问题保持共识，可以以中立和客观的态度与同事进行讨论。

注意事项

当你觉得孩子的自慰行为过度（强度过大或频率过高）时，你需要保持关注和警惕，因为这可能意味着孩子有严重的生理不适或焦虑。如果孩子的这一行为带来了身体疼痛，或伴随着不适合孩子年龄的"成人性语言"，那么这可能是孩子遭受了性虐待的表现，需要通知相关部门介入。

第二十四章
吸奶嘴

有些孩子白天经常吸奶嘴。家长和学前教育机构的老师常常对此束手无策：是应该由着孩子使用奶嘴，还是鼓励孩子戒掉奶嘴？作为老师，又该对家长说些什么呢？真是进退两难！

🔵 为什么孩子经常吸着奶嘴？

🔹 每 10 个孩子中就有 8 个爱吸奶嘴

2001 年加拿大的一项研究显示，西方国家中有 84% 的婴儿经常吸着奶嘴，这是一个非常高的比例。其中，一些孩子只在关键时刻使用奶嘴，比如入睡时，而另一些孩子则长时间使用奶嘴。

🔹 作为压力调节器

对一些孩子来说，吸奶嘴是一种调节压力的方法。因为吸吮活动会释放有益健康的内啡肽，帮助孩子在压力过大的情况下放松。

🔹 作为过渡和陪伴物

对另一些孩子来说，奶嘴是用来过渡和陪伴的物品，是孩子从家带到集体，再从集体带回家的玩具。出于习惯，孩子会把奶嘴含在嘴里，但吸吮的次数并不多。孩子有时就这样一边含着奶嘴不吸吮，一边玩耍。还有一种情况是，有些家长在早上与孩子分开的时候，即使孩子没有哭，也会把奶嘴塞进他的嘴里。对上述过度使用奶嘴的情况，我们应该予以限制。

广告效应

为了推销奶嘴并赢得家长的青睐，婴儿用品商家让人们相信每个孩子都有强烈的吸吮需求，但这其实并不正确。婴儿天生有吸吮反射，通过吮吸母亲的乳头得到乳汁。然而对稍大一点的孩子来说，吸吮不是一种需要，而是应对压力情况的自我调节活动。虽然吸吮可能对孩子具有一定的安慰作用，但对孩子来说并不是必不可少的，有很多比给孩子奶嘴更有效、更有益的安抚方法。

过度使用奶嘴会导致什么后果？

让孩子习惯压抑自己的情绪

自 20 世纪以来，奶嘴的使用就一直备受争议。早在 1910 年，法国的国民议会就通过了一项法律[1]，禁止制造和销售奶嘴。出台这条法令的原因是多方面的，其中最主要的原因是，虽然奶嘴的使用可以缓和孩子的消极行为，如哭泣和尖叫，但照料者却并未解决孩子的情绪问题，即他哭泣和尖叫的原因。也就是说，问题本身并没有得到解决。这就像给一锅沸腾的牛奶盖上了盖子，却没有熄灭炉子上的火。

---

[1]　不过，这项法律从未真正得到执行。

▶ 让奶嘴成为唯一的安抚物品

有些孩子习惯了使用奶嘴来安抚自己，每当压力增加时，他都想要吮吸奶嘴。对一些孩子来说，奶嘴成了他唯一的安抚物品。这是一个恶性循环。要知道，奶嘴只是一个物品，就像玩偶一样。奶嘴既不能表现出同理心，也不能表现出善意，更没有情感，它给孩子带来的只是虚假的安慰，并没有解决孩子当下的情绪问题。

一些育儿专家曾质疑过度使用奶嘴的孩子之后的人生经历，这些孩子是否在每一次压力上升时，都会在某个物品上寻求安慰？当他们成年后面对压力时，会有什么反应？当他们被某种情绪所困扰时，会寻求其他人的帮助，还是会从令人上瘾的物品（香烟、食物等）中寻找安慰？

▶ 阻碍孩子情商的发展

2012 年的一项研究指出，在睡眠阶段之外过多地使用奶嘴会降低孩子的同理心，也会阻碍识别和理解他人情绪的能力的发展。因为含着奶嘴会减少面部肌肉的活动，限制孩子面部模仿能力的发展，而面部模仿能力对孩子情商的发展是非常重要的。

▶ 阻碍语言能力的发展

2015 年，一项英国的研究强调，当孩子嘴里叼着奶嘴时，他们很难听到传到耳朵里的声音；同样，奶嘴也会干扰孩子发出某些音素，阻碍语言表达能力的发展（奶嘴在嘴里时，孩子难以发出 f、s、ch 等音素）。

▶ 使牙齿变形，增加耳鼻喉感染的风险

1992 年发表在《儿童牙科》上的一项研究显示，虽然有些奶嘴打着

"正畸"的名号卖给家长，但在所有经常含着奶嘴的儿童中，35% 的儿童牙齿会畸形。此外，其他研究表明，奶嘴的使用也与某些耳鼻喉感染有关。

🗨 我们该怎么做？

➤ 区分"习惯性"吸奶嘴和"自我调节"吸奶嘴

首先应该搞清楚：孩子吸奶嘴是出于习惯，还是为了自我调节以应对持续的压力？区分的方法是根据吸吮的力度来衡量：如果孩子吮吸奶嘴时非常用力，那么他大概率是在通过吸奶嘴来减轻自身的压力，属于"自我调节"吸奶嘴；如果孩子边玩边叼着奶嘴，嘴巴很少做出吮吸的动作，那么应该就是"习惯性"吸奶嘴。

➤ 鼓励孩子取下奶嘴

如果孩子是"习惯性"吸奶嘴，老师可以鼓励孩子在到达学前教育机构后自己取下它，并将这一举动变成孩子的习惯。

➤ 当你和孩子说话时，鼓励他摘下奶嘴

当孩子与大人互动时，使用奶嘴尤其有害，因为它会阻碍孩子舌头的运动，阻碍孩子对大人的面部表情进行模仿。因此，在与孩子对话时，你要鼓励孩子不用奶嘴，用心听你说话。

➤ 当孩子和你说话的时候，要求他摘下奶嘴

为了进行正确的发音，更好地学说话，孩子在说话时嘴里不能有任何东西。

如果孩子抗拒，睡觉时可以让他用奶嘴

在睡眠阶段使用奶嘴比醒着的时候使用的危害要小得多，尤其是当孩子吮吸奶嘴进行自我调节的时候，奶嘴可以帮助他入睡。大量研究证明，在睡眠中使用奶嘴可以降低婴儿猝死的风险。不过，等孩子长大以后最好还是让他习惯在没有奶嘴的情况下入睡。

当孩子有压力时，把孩子抱在怀里，不要给他奶嘴

这么做是为了教孩子在人身上，而非在物品上寻找安慰。当孩子被一种情绪所困扰时，一定要理解他大脑的真正需求。孩子的大脑此刻需要的不是奶嘴，而是真正平静下来。

你可以把孩子抱在怀里，温柔地抚摸他，并且告诉他你在他的身边。这时你和他都会分泌催产素。催产素是在亲密的人际关系中分泌的依恋荷尔蒙，是皮质醇的解药，也是大脑的燃料。渐渐地，你将教会孩子在压力增加的情况下从人际关系中找到安慰，这也符合他真正的需求。

与家长交流

老师可以告诉家长，奶嘴对孩子可能产生哪些负面影响，并建议家长与老师一同限制奶嘴的使用。不能一边禁止家长在早上送孩子来机构的时候把奶嘴放到孩子嘴里，一边却在家长离开之后把奶嘴放到孩子嘴里。在禁止使用奶嘴方面，在家和在机构必须保持一致。

第二十五章
正面管教的 5 个关键要素

欢迎来到正面管教的奇妙世界，这是一种基于情感、积极心理学和社会神经科学的最新教育理念。

根植于上一代的棍棒式教育理念认为，孩子是需要被反复训练的"小暴君"，而正面管教则摒弃了这种过时的教育理念。

如今，有关大脑的最新发现使人们的观念发生了 180 度的转变。现在的孩子被认为是处于持续发育和发展中的小生命，他们的大脑尤其脆弱。由此，正面管教提出了更加尊重孩子发展和需要的教育理念。

要素一：孩子打人、尖叫？找出他没有得到满足的需求

不当行为的背后都隐藏着未得到满足的需求

所有人，无论男女老少，都有基本的需求，如生理上的需求：吃喝拉撒、呼吸、睡觉、环境温度适宜；心理上的需求：被关注、被爱、得到重视、被关怀等。

当需求得不到满足时，人就会感到挫败

当一个人感到挫败时，他的攻击性就会变强，会变得咄咄逼人。这也是为什么我们饿着肚子的时候比吃饱的时候更容易与他人发生争吵。

找出孩子未得到满足的需求有利于提出更有针对性的对策

找出孩子未得到满足的需求并及时满足他，可以防止不恰当的行为再次发生，如暴怒、哭闹、对他人言语或身体攻击。

在家庭中或在学前教育机构里，孩子出现不当行为往往是因为他获得的关注、受到的照料和需要的休息没有得到满足。

在这种情况下你可以思考：为什么孩子今天这么别扭？他睡够了吗？吃够了吗？运动够了吗？他与大人有足够多的身体接触和互动吗？他被过度刺激了吗？大人耐心倾听他的心声了吗？大人对他的关注足够吗？

要素二：你感觉怒火攻心？做出回应前请先深呼吸

当情况失控时，人也可能情绪失控

在你面前的是一个失控的孩子，局面很混乱，而你的负面情绪也到达了顶点。此时，孩子会在情绪的支配下做出反应，他的行动由情绪大脑而不是理智大脑主导。因此，你和孩子之间的战火一触即发。

与孩子保持距离，练习腹式呼吸

你的反应不能太强烈。此时不如后退几步，拉开身体距离将产生有效的心理距离。然后，做一些腹式呼吸来补充氧气：用鼻子吸气，让肚

子鼓起来，数到 4，然后慢慢地呼气，把肚子缩回，数到 8。

当你放松下来时，立即回到孩子面前。如果他此刻头脑清醒，可以和他沟通一下刚才发生的事情。

🔵 要素三：以身作则

🔹 孩子在观察你

在孩子身边陪伴他、照料他的你是孩子的榜样。也许你自己都没注意到，孩子会观察你如何应对不寻常的情况、如何管理情绪、如何照顾他人的情绪、如何与他人交谈、如何表达悲伤。

🔹 孩子会复制成年人的行为

你会在孩子身上发现自己经常做出的一些表情和动作，而且并不总是好的方面，这可能会让你很懊恼。孩子会把你的形象真实地映照给你，无论好坏、不加滤镜。其实，孩子正是通过模仿来学习的。

🔹 给孩子树立榜样

注意在孩子面前控制你的行为，不要表现出愤怒或攻击性。总之，要做你想让孩子做的事。

🔵 要素四：帮助孩子发泄强烈的情绪

🔹 所有的情绪都分为三个阶段

·第一阶段：充电。这是身体对信号做出反应的时刻，这个信号可能是一段记忆、一种行为、一句话、一个想法，例如本杰明在门口看到了他的妈妈或娜塔莎刚刚被保罗咬了。

· 第二阶段：蓄力。情绪开始在体内翻腾，产生以下反应：心跳加速、喉咙干燥、呼吸加快等等。

· 第三阶段：爆发。累积的压力最终喷发，逃离人的身体：孩子可能哭泣、尖叫、在地板上打滚、颤抖，或者笑、跑、跳。只有这个阶段才能让孩子发泄出情绪。

因此，当我们面对一个正在发泄强烈情绪的孩子时，不要阻止他，让他把情绪表达出来。

鼓励孩子释放自己的压力

当孩子哭闹时，对孩子说"嘘，别哭，你会没事的"就像在说"把你的悲伤和压力留在身体里"一样。抑制孩子哭泣只会阻止他释放压力，增加他在几分钟内再次情绪崩溃的可能性。

正确的做法是鼓励孩子哭泣，直到他所有的负面情绪都消退，你可以边告诉他"哭吧，没关系"，边抱着他。当孩子经历一场巨大的情绪风暴时，他需要得到大人的安慰。经过这个阶段的释放，孩子才会真正变得轻松。

要素五：照顾好你自己

照顾好自己是为了更好地照顾孩子

这句话说多少次也不为过：照料孩子是一项艰巨的工作，需要很强的心理和身体耐力。这也是为什么我们说：要照顾好那些照顾孩子的人。在你照顾好小家伙之前，有责任照顾好自己，满足自己的需求。

不要过度沉溺于自己的世界

如果你感到疲倦、压力很大、缺乏认可和重视，你就很难倾听孩子的心声。但是要注意，不要陷入只专注于自己的极端境地。因为与成天和电脑打交道的计算机科学家不同，你是在照料一个人，是与人打交道，不能长时间忽视周围发生的事情。

正面管教的优点是什么？它以科学研究为基础，倡导非暴力养育。

不过，正面管教不会让你变成一个完美的人，因为这样的人根本不存在。它也不是要让你成为对孩子放任不管的人，而是让你用更尊重孩子的方式养育他，而不是诉诸暴力。

第二十六章
给孩子减压的 21 个方法

学前教育机构的生活并非平静似水，恰恰相反，经常暗流涌动甚至会掀起惊涛骇浪。集体生活会给孩子造成巨大的压力，使他们紧张、烦躁，局面往往会非常混乱甚至失控。

为了提升孩子们的幸福感，改善集体的氛围，我们需要在人和物质层面减轻生活环境的压力。以下是一些能够减轻孩子压力的方法，可以有选择地使用，让集体环境更加和谐。

在人的层面上

轻声说话

孩子像海绵一样"吸收"大人的举止和情绪。你说话的声音越大，孩子越会大声说话，情绪变得烦躁。你想对另一个房间的大人或孩子说话吗？那么你最好走过去和他面对面地交谈。

玩沉默游戏

越来越多的学前教育机构的老师在努力尝试这一极具创意的挑战。每天在固定的时间段，他们低语或保持沉默，主要通过目光、面部表情、手势、动作来进行交流。尽管听起来有点奇怪，但他们用这种方式和孩子们沟通起来毫无障碍，因为在婴幼儿的日常交流中，非语言交流占主导地位。这种新颖有趣的游戏可以在陪伴孩子的同时减少集体的噪声和混乱。

分组行动

我们在本书中多次提到，把孩子们分开仍然是集体生活的黄金法则，甚至是生存法则。这一点虽然众所周知，但在集体里却并不总能得到很好地应用。要知道，把那么多孩子聚集在一个房间里是不符合自然规律的。

在传统文化中，通常是少数成年人在户外空间围绕一个年幼的孩子。而在学前教育机构，情况恰恰相反，许多孩子在封闭的空间围绕几个成年人。想想这二者的差别！

大人少动

一些人的活动会带动另一些人活动。减少活动有助于缓解儿童和大人的躁动和压力。你坐在地板上的时间越长，孩子就有越多的时间安静地玩耍和互动。这就好比你坐在舒适的椅子上看电影，如果其他观众走来走去，你就很难跟上电影的节奏并保持放松。因此，在你起身之前最好确保其他大人已经坐下，或者等他们中的一个回来后你再走开。

待在"战略要地"

你就像一座灯塔，照亮和保护一方区域。孩子们通常倾向于在能被大人的眼睛"照亮"的空间里玩耍，这种视觉联系满足了幼儿对情感安全的基本需求。

老师分散开来

如果老师聚集在房间的一处，大多数孩子都会选择在他们周围玩耍，靠直觉寻找令他们安心的接触，但这样会不可避免地导致"交通堵塞"，造成"抢玩具大战"，并增加孩子们之间的冲突。此外，游戏区如果没有被大人的眼睛"照亮"，孩子们会对它失去兴趣。因此，大人们最好均匀分布在各个区域。

优先考虑地面交接

家长到达后，可以请他们坐在地板上与你进行交接。因为当一个大人站起来时，一些孩子可能会坐立不安，打断他们的行动；最小的孩子甚至可能进入警觉状态，看到陌生人就开始哭泣。想象一下，一群体型是你两倍的"巨人"毫无预兆地冲进了你家，甚至连看都不看你一眼，而你却只能趴在地上，无法快速移动，这听起来像不像噩梦？

单独交接

出于对隐私和安全的考虑，一些学前教育机构开始进行单独交接：如果有一位家长已经在房间里，其他家长必须在门口等待叫号。当然，等待的家长如果愿意，可以先把孩子带出来，再到门外等候与老师交流。

为了最大限度地获得家长对这种交接方式的支持，最好在开学时的家长会上和家长提前说明。相信我，如果规划良好并向家长解释得很清楚，这种方案一般会取得巨大的成功，会受到家长和老师的欢迎。

慢慢分离

重要的是，要让孩子有充足的时间与家长或老师分离。无论是早上刚来还是一天结束离开时，孩子周遭的环境都会改变，陪伴他的人也会改变。对幼小的孩子来说，分离需要慢慢来。我们需要减轻孩子的压力，让孩子有逐渐适应的时间。

创造放松的时间

除了午睡时间，孩子们在吃饭、集体活动和自由玩耍时都处于活动状态。放松是从"做"到"不做"，是把大家聚集起来减轻集体和个人的压力，给所有人"充电"的过程。因此，你可以在每天的同一时间安排放松：把灯光调暗，低声说话，播放一些大自然的声音或轻柔的音乐，和孩子们一起躺下。放松时刻可以安排在上午结束时，也可以安排在下午三点，即孩子们的家长到达之前。

仪式化的交接时刻

幼儿的大脑特别喜欢重复，每天都在猜测将要发生的事情，探查周围环境的秩序。然而，在大人总喜欢"即兴发挥"的交接时刻，孩子们无法预测下一刻会发生什么。交接总是从一个环境到另一个环境，从一个活动到另一个活动，从一个房间到另一个房间。因此，你可以尽可能地把交接仪式化，以增加孩子的安全感和对局势的控制感。

未雨绸缪

有时，你会在早上才知道有一个同事今天不来。因此，提前规划能防止意外状况的发生。既要规划全勤时的情况，也要规划只有一个大人时的情况。假设大孩子区通常有 4 个老师，那么你不仅需要思考如果只有 3 个老师的时候怎么办，还要考虑只有两个甚至一个老师的时候怎么办。

预测和计划是应对突发情况和失控局面这两种压力情形的最佳工具。

带孩子们出去玩

户外运动是婴幼儿的主要需求之一。通过运动，孩子能够培养技能，释放能量。带孩子们出去需要一个完整的流程：给他们穿上鞋子、穿上外套、戴上帽子。每个孩子都要这样来一遍，再乘以孩子的数量——这将是一个巨大的挑战！

没有必要把他们同时都带出去，可以把孩子们分开，如每 8 个孩子一组。这样孩子们会更平静、更容易陪伴。

在斯堪的纳维亚的一些托儿所里，孩子们整天都在户外玩耍，连睡觉也在户外！这种方式会让儿童免受室内污染，减少耳鼻喉感染，增加午睡时间。最重要的是，孩子会更加平静和放松。

提供拥抱和个性化关注时间

拥抱和关注孩子，尤其是那些最需要得到关爱的孩子。热情和善意的身体接触会让人产生依恋和幸福感的荷尔蒙，能减少压力、降低血压。

在物质层面

提供足够数量的相同玩具

孩子通过模仿与他的小同伴交流。模仿就是用相同的对象做出相同的动作。如果孩子喜欢同伴的黄色飞机，你给他一架绿色飞机是没用的。因此，给孩子的玩具应该完全相同，这有助于减少冲突。

杜绝电子玩具

除了会增加噪声、削弱儿童的注意力外，人们还发现电子玩具发出的声音被压缩了，虽然响亮却失真，与真实的音乐声音形成了鲜明的对比。

在特定的时间听音乐

听音乐对我们的身体有益处，包括促进多巴胺的分泌、降低血压和呼吸频率。你可以选择听充满活力的音乐，或是能让人放松的舒缓音乐，如果自己唱效果会更好。然而，一旦孩子们的注意力不再放在音乐上了（一般在听音乐十分钟后，孩子们的注意力就会转移），一定要把它关掉。因为这时的背景音乐往往会产生相反的效果：增加房间的噪声水平，加剧孩子们的不安。

保持通风

定期通风可以让大家呼吸到新鲜氧气。这是一个简单的方法，既能让儿童受益，也能让大人受益。

制作小藏身处

有些孩子喜欢躲在狭小的封闭空间里，这样他们就可以暂时脱离集体的喧嚣。这种藏身之处也能让孩子测试自己在大人缺席时的抗压能力，"我要玩一个躲猫猫的游戏，我想玩就玩，我想躲在哪里就躲在哪里"。

没有必要买一个小木屋，太贵了。储物柜的最下面一层卸掉柜门、挂一片布就是一个很好的藏身之处，前提是要确保柜子结构完整且具有良好的承压能力，以保证孩子们的安全。别忘了，还可以用完好的旧纸箱当孩子的藏身之处，简单又经济，所有的小孩子都很喜欢！

使用高度小于 70 厘米的家具

研究强调了家具高度在儿童生活中的重要性。太高的家具会形成视觉障碍，使孩子们无法看到大人，这样会使他们更频繁地四处走动，寻找大人。同样，我们也发现，正确布置游戏区（就餐角、车库角、玩具角等）的空间能提高孩子们的注意力。

把玩具柜面向生活区域

我们已经知道，孩子玩耍、探索以及与其他孩子互动时需要看到大人和被大人看到。当玩具柜面向墙壁时，孩子的视野是有限的。把过家家的玩具柜面向生活区域摆放可以让孩子们在玩耍的同时与大人保持目光交流。同样，车库角和就餐角也应如此设置。

情况分析

当孩子之间发生冲突、许多孩子哭泣、老师出现攻击性反应时，你需要对当时周围的环境状态进行分析：

· 房间里有多少名儿童和大人？

· 大人是坐在地板上、站立、走动、聚集在角落里，还是分散在各个区域？

· 正在进行的活动是什么，是集体游戏还是自由活动？

· 这是与父母交接的时刻吗？是过渡时刻吗，比如午饭后、午睡前？（你会发现，一天的压力峰值大多发生在过渡时刻、自由游戏时间和交接时刻。）

· 房间的亮度和噪声水平是低、中，还是高？

· 整个环境是平静的、不安的还是中立的？

关于压力主题的会议

你可以与同事们召开以压力为主题的会议。每个人都会逐渐适应工作中的压力，以至于很快就忘记了压力的存在。因此，讨论压力问题将帮助你和你的同事评估工作环境的质量，并做出有益的改变。

建议你们用十分钟的时间，两人一组或三人一组，思考以下三个问题：

1）环境对儿童和成人的压力水平有什么影响？

2）你觉得一天中哪些时刻压力最大，为什么？

3）无论是在人的方面还是在物质方面，你认为可以做哪些事情来减轻压力？

4）哪些孩子看起来对压力最敏感？

5）你能辨别出有压力的孩子吗？

然后，开始头脑风暴吧！

一些日间托儿所的老师们告诉我，他们以前意识不到房间内的噪声水平很高，因此总是提高嗓门对孩子们讲话，混乱程度可想而知……

别忘了，各位老师，你们是儿童集体的指挥家，要靠你们来设定正确的基调和节奏。

回应心智发展需求

他的小脑瓜里
正在想些什么呢?

第二十七章
赢在起跑线

从孩子两岁起，一些家长就希望孩子在学前教育机构能"学到些东西"，希望老师将孩子画得很漂亮的画交给他们，把孩子学到的内容复述给他们。

家长为什么对孩子的学习如此热情？童年早期就追求孩子创造力比拼的后果是什么？

"今天蒂亚戈为什么没画画？他发烧了吗？他累了吗？他不乖吗？我看到其他孩子都照做了，蒂亚戈做了什么？"三岁的蒂亚戈的妈妈表示很困惑。这是自开学以来，幼儿园老师第一次在她接孩子的时候没有给她一幅儿子画的画。因此，她想知道孩子一天在干什么，以及他学到了什么。老师试图向这位母亲解释，她的儿子更喜欢在地上用粉笔画太阳，然而这位母亲仍然不理解。

年幼的孩子在一天中什么也不做是很常见的。有些孩子选择玩洋娃娃，而不是玩一罐颜料；有些孩子则会在最后一刻撕掉自己的画。家长要明白的是，自由、无指导的活动对孩子的发展同样有益，甚至更好，如拼贴、剪贴画、涂鸦等。

🔵 从摇篮就开始的学习竞赛

相比于以前，父母对孩子学业的担忧越来越提前了。父母关心他们小宝贝的学习情况，甚至从孩子进入学前教育机构起就开始鞭策。一些父母甚至把托儿所当成学校，认为老师应该负责教孩子握铅笔、写名字、识别颜色以及如何涂色才能使颜色不溢出。

当孩子大到可以坐在小椅子上集中几分钟注意力的时候，父母就会期望他在学习环境中进行一些书面学习活动。我曾经听一些父母说，孩子在学前教育机构是浪费时间，是时候让他们去学校学点东西了。

这种对学习的追求的原因是多方面的，且因家长而异：有些家长对上学这件事很焦虑；有些家长认为只有学习才是正经事；有些家长担心孩子在托儿所里什么都学不到；有些家长只是喜欢自己孩子的作品，这些作品能让他们了解孩子白天的活动，他们会自豪地将其张贴在冰箱上。

🔵 取悦父母还是尊重孩子的自由选择？

盲目追求提升孩子的各项技能是不可取的，尤其是在学前教育机构里，年幼的"梵高宝宝"没有能力画出非常规范的图画。显然，许多父母希望老师在见到他们时递过来一张漂亮的、闪闪发光的、色彩和谐的图画，而不是一张涂满流动的油漆和粘着鼻屎的牛皮纸。因此，如果你能给父母展示一幅孩子画的漂亮的画，他们可能就会认为你是一位超级专业的老师，可以帮助他们的孩子成为最好的自己。

自然而然，为了满足父母的喜好，一些老师陷入了恶性循环。为了让寒酸的雏菊变成更美丽的花（首先要像雏菊），有些老师会自己修饰一两片花瓣，撒上一些亮片，甚至手把手教孩子画，这样孩子就不会画出扭曲的作品了。最后，他们也会在取悦父母和让孩子自由发展的声音之中陷入纠结。

如果孩子们画的建筑是一座面向大海的漂亮房子，而不是三只小猪的草棚，他们的一天就会更充实吗？并非如此。学前教育机构应该关注儿童的需要，并将儿童无法独自完成的项目从活动清单中删除。一些机构取消了母亲节、父亲节、圣诞节和复活节的作品制作活动，因为这些老师们认为：如果孩子不愿意，就不必强迫他创作。

🔵 烦恼的源泉——与他人比较

孩子的作品比拼引出了另一个问题，那就是比较。当孩子们的作品被展示出来，并在下方写着小艺术家的名字时，许多父母就会陷入比较的烦恼。在看到了自己孩子的画作后，他们会不由自主地将之与其他孩子的画作进行比较。

对父母来说，这种比较是无意识的，他们希望将孩子的技能与同年龄段的其他孩子进行对比。虽然出发点没错，但如果其中一名孩子有残疾或发育迟缓，比较就可能引起烦恼。

此外，在大多数父母都是同事的公司附属托儿所里，把秘书女儿的画和首席执行官儿子的画放在一起，高下立分，可能会引起不合时宜的嘲笑，加剧成年人之间的紧张关系。出于以上考虑，一些学前教育机构决定不展示孩子们的作品，而是直接把它们锁在柜子里。

顶住父母的压力，让孩子尽可能自由地选择活动不是更好吗？作为老师，为什么不在交接的时候向家长介绍孩子一天的活动，让他们了解更多自由的和自发的游戏呢？这取决于你——老师，你要向家长们解释，他们的孩子有一辈子的时间来学习拿剪刀，以及如何在不溢出画面的情况下给图画上色。活动的限制越少，就越能激发孩子的想象力、表达力和创造力。学前教育机构相对来说仍然是未被污染的"净土"，在这里，孩子们仍然有机会做自己。因此，可以鼓励孩子创作和学习，但是要有节制、要反思。

第二十八章
电子屏幕

电视、平板电脑、手机……电子屏幕是现代人生活的一部分。尽管已经有许多研究提出了电子屏幕的危害，但父母和学前教育机构的老师仍然低估了它对孩子的影响。对此，预防是必要的。

> 几个星期以来，老师一直在关注 2 岁半的朱尔斯的行为。老师发现朱尔斯特别烦躁、冲动、易怒，很难安静下来，也很难专注于一项活动。由于朱尔斯的年龄较小，语言表达能力较弱，老师很难问出个究竟。
>
> 下午，家长接他的时候老师问及此事，家长说，孩子在家里也这样，他们没法好好引导他。家长说，晚上睡觉前和早上去幼儿园前会让孩子坐在电视前，因为"这是唯一能让他平静下来的方法"。这能解释孩子的异常行为吗？

电子产品在许多家庭中都很受欢迎。有些家长认为让孩子早早接触电子产品能让他更聪明。他们热衷于在平板电脑上安装许多所谓的早教软件和学习软件。此外，这些数字产品还有一个很大的优点，那就是能够有效地占用孩子的时间，让忙碌的成年人有时间去做自己的事情，因此电子产品也有个绰号，叫"保姆屏幕"。

电子产品的蓬勃发展让商家感到高兴，疯狂地开发和销售各种"适合孩子使用"的电子产品。然而，越来越多的科学研究指出了电子产品对幼儿发展的危害。

过度刺激

要想更好地理解为什么电子产品带来的刺激不适合幼儿的身心发展，我们需要回到最基本的观点。幼儿有生理上的需要（睡眠、进食、排便等）和心理上的需要（交流、依恋、探索、拥抱等）。儿童通过五种感官（视觉、听觉、触觉、味觉和嗅觉）体验周围的环境，从而发展智力，了解因果关系，掌握世界运行的规则。学习的多样性需要多样化的感官刺激。

在现实生活中，塑料长颈鹿的味道、质地和重量与木制立方体、布艺小象的都不一样。如果孩子用这只长颈鹿敲打架子，发出的声音和其他两只玩具的也不一样。然而在电子屏幕上，这三种玩具却有着相同的重量、味道、声音和质地，孩子只能用视觉区分它们。因此，屏幕提供的感官环境非常糟糕，不适合儿童的成长。

语言的习得也是如此。幼儿通过与他人互动来学习说话，通过大人给予的反馈来学习事物的名称和发音。例如，孩子错把"想要水"说成了"想要碎"，大人就会纠正他说"我想要水"。同样，如果孩子用错了一个词，大人就会引导他说正确的词。就像所有的学习一样，语言也是通过模仿和试错习得的。尽管平板电脑能够提供交互式体验，却不能满足孩子学习语言所需要的交互性。另外，屏幕提供的刺激比儿童周围的人文和社会环境提供的刺激要少得多。同时，电子屏幕会给孩子造成视觉和听觉刺激，这是他们还未成熟的小小器官所无法承受的。

这些过度刺激会消耗孩子的注意力，也会破坏对学习非常有益的专注力。几乎所有的哺乳动物都可以注意到电子屏幕上的小兔子，但是要把注意力集中到书本上则需要更多的认知技能。

🔵 电视使孩子变得被动

在其他各种电子产品出现之前，电视是儿童问题专家们重点关注的对象。法国儿童与媒体协会指出："那些以年幼孩子为目标观众的电视节目，它们的出发点似乎总是与孩子的发展需求背道而驰：当孩子应该成为积极的参与者的时候，电视会把他变成一个旁观者；当孩子需要磨练自己的主观能动性时，电视会使他变得被动。"

因此，法国最高视听委员会禁止电视台以婴幼儿为目标观众，并要求他们在节目中做出警告："看电视会导致婴儿发育障碍，如消极被动、语言发展迟缓、躁动、睡眠障碍、注意力不集中和屏幕依赖。"

2012 年，《儿科档案》上发表的一份优秀的文献综述列出了电子屏幕对儿童认知发展的已知和有据可查的危害。此外，美国儿科学会建议不要让三岁以下的孩子使用电子产品。尽管有大量的科学研究专门讨论过电子屏幕所引发的问题，但一些相关行业的从业者还在继续进行关于"婴幼儿使用电子产品的利弊"的辩论，暗示屏幕可能对孩子有益。这些辩论往往会混淆视听，在使用电子产品的风险方面误导父母。

因此，有必要对幼儿教育工作者们进行相关科学知识的普及与宣传，采取预防性措施，防止电子屏幕对孩子产生有害影响。然后再由老师将这些知识转达给孩子们的家长，提高他们对电子屏幕危害性的认识。学前教育机构可以通过张贴海报、开主题班会或办家长讲习班的形式对家长进行科普宣传。

给父母的 5 个小贴士

1）早上去幼儿园前不要让孩子看电子屏幕。

2）家庭用餐时不要让孩子看电子屏幕。

3）晚上睡觉前不要让孩子看电子屏幕。

4）理想情况下，不让 3 岁以下的孩子接触电子产品。

5）不要在孩子房间里放置任何电子设备。

可以让孩子使用手机吗？

手机在成年人的生活中占据了重要的一席，电视和平板电脑都无法与它相比。手机是成年人忠实的"数字伴侣"，是从不离手的玩具。大人对手机的迷恋成功地让年幼的孩子也觉得它特别有吸引力。我们会发现，孩子们在玩过家家游戏的时候经常会自发地模仿成年人用手机打电话的姿势。

如果幼儿总是有成年人的陪伴，那么偶尔让他使用手机就可能成为孩子生活中一个有趣的日常活动。父母可以让孩子用手机给爷爷奶奶打电话，听一听所爱的人的声音；也可以用手机给孩子放不同类型的音乐……

　　不幸的是，在现实生活中，手机更有可能阻碍而不是丰富儿童和成人之间的交流。比如，父母用婴儿车推着孩子散步，而眼睛却一直盯着手机屏幕。当父母用手机与他人联系时，就会中断与孩子的交流，我们需要意识到这一点。

第二十九章
无聊有益

许多成年人，不管是老师还是父母，都会提供一系列活动来充实孩子的一天。他们在担心什么？担心孩子变得无聊，变得消极、懒惰和不活跃。可是，让成年人如此烦恼的"无聊"，在年幼孩子的头脑中真的存在吗？

星期四下午6时15分，幼儿园只剩下一个孩子了。从窗户看出去，太阳落山了，刮来一阵狂风，把花园里大树上的树叶吹得摇摇欲坠。3岁的加斯帕德躺在满是玩具的地毯上，透过大窗户呆呆地望着窗外的树叶。老师对这种突如其来的安静感到不安，于是对孩子说："加斯帕德，过来，不要躺在那里发呆！我给你一个盒子玩儿。"

加斯帕德似乎看起来很无聊。然而，在这整整十分钟的时间里，这个小男孩第一次沉浸在自己无限的想象中……但现在，啪嚓！加斯帕德的想象世界像肥皂泡一样破灭了。老师的声音把他拽回了现实，就像纸牌屋倒塌一样猝不及防。

🔵 无聊使成年人烦恼

在我们的社会里，无聊是一种被人们嫌弃的状态。人们把无聊和不舒服划上了等号，认为无聊等同于疲倦、懒惰、沮丧、迟缓。有些人甚至把无聊看作是疾病的症状，与抑郁类似。的确，无聊与所有公认有价值的、表示生命活力的词汇完全相反：活力、生命力、动力、生产力。

为了不惜一切代价让年幼的孩子免受无聊之苦，一些老师甚至专门增加了活动的数量。为什么他们如此害怕孩子"什么都不做"？原因是多方面的：有些人坚信一个无所事事的孩子会感到无聊，因为大人总是把自己对空虚的焦虑投射到孩子身上；另一些人认为感到无聊的孩子更有可能去咬、打或抓其他的孩子；还有一些人认为只有看得见的创造和活动才能让孩子充分发展潜力。有时，这种对孩子无聊的担忧在很大程度上是由学校管理人员或家长自己助长的。

📌 允许孩子无所事事

我们应该鼓励孩子无所事事，也就是允许孩子感到无聊。让孩子沉浸在自己想象的世界里，打开他的秘密花园之门，开启一次内心的旅程。在这段不活动的时间里，孩子可以按照自己的节奏汇总他所收集的信息，发展自己的智力，培养对事物的敏感度，远离集体活动中的标准和流程。这种思想冒险将有助于孩子的成长，实现创造力、记忆力、观察力、想象力以及精神自主性的发展。

给孩子一些空闲时间也有助于提高他的专注力。就像肌肉一样，人的注意力也需要得到休息，不能过度劳累，这样才能尽其所能地发挥作用。

最后要知道，孩子从来就不会无所事事，一个身体上不活跃的孩子很有可能精神上是活跃的。比如，一个婴儿看起来只是盯着正在打电话的大人，事实上，在他的大脑中，每秒都有成千上万的神经元正在连接。幼儿的大脑天生就是用来学习、发现和探索环境中每一个细节的，无聊是不存在的。孩子们怎么会厌倦一个他们正在探索的世界呢？

🔵 无聊是不存在的

你只需要更仔细地研究这个关于"无聊"的话题，就会意识到无聊其实并不存在，或者说至少在自然界中不存在。在《无聊，多么幸福》一书中，作者——神经科学博士派特里克·勒莫恩指出："无聊"这个词并不存在于所有的文化中，在一些重视冥想的东方文化中没有"无聊"这一说。生活在大自然中，每天为生存而烦恼的原始人也从不会感到无聊。

无聊是由于人与环境脱节而产生的：人的生活条件与自然环境相差越远，就越容易感到无聊。对于城市中的人来说，在食物和安全已经有保障的情况下，无聊是城市化、久坐不动的社会滋生的"奢侈品"。

总之，无聊只存在于成年人的头脑中，我们要避免自己对孩子不活动的担忧影响到孩子。我们也可以好好利用这个机会好好放松、无所事事一下！

第三十章
学礼仪

　　许多学前教育机构的老师都会要求孩子们用传统的"谢谢""请""对不起"来补充自己的语言。可是，孩子们真的到了应该被教导礼貌用语的年龄了吗？

　　吃饭时间到了。"我还要！还要！"奈拉睁大眼睛，指着手推车上的盘子说着。老师走到孩子面前，把装满土豆泥的勺子放在盘子上。"你说什么？我没听见，我在等那个词呢！快，还有其他孩子也想要土豆泥！"老师期待孩子说"请"，然后再舀一勺土豆泥到孩子的盘子里。为什么老师会有这样的期待？

懂礼貌反映了礼仪和尊重

　　要求孩子们懂礼貌的原因因人而异。对一些人来说，这是基本的礼仪问题。他们认为上学前教育机构的目的就是让小朋友学会社会生活的规则，其中包括礼仪。

　　对另一些人来说，这是一种自然而然的行为。他们从来没有真正考虑过礼貌的问题，只是重现自己小时候所经历的交流片段。小时候自己总是被要求说"谢谢"和"请"，因此他们对孩子也提出这样的要求。

还有一些人认为这是关于尊重的问题。他们认为不说"请"或"谢谢"就是人身攻击，是不尊重别人的表现。关于这点，一位老师曾向我吐槽："昨天，克莱奥把双脚放在桌子上叫我给他倒杯水，连看都不看我一眼，也不说'请'，好像理所当然一样！我搞不懂了，这种行为像十几岁的孩子才会做出来的，所以我让他把脚放回到桌子底下，并且要求他在提任何要求之前都先说'请'。"

在极端情况下，老师甚至不给孩子喂食或水，直到孩子跟他们说"请"。当老师开始把儿童的行为解释为缩小版的成人的行为时（即所谓的"拟成人论"），这种虐待儿童的情况就会成倍发生。

有些家长会助长老师的这种行为。他们相信学前教育机构的作用之一就是教育他们的孩子，就像学校一样，所以他们期望老师能够教孩子懂礼貌。

与之相反的是，有一些老师从不要求孩子们说礼貌用语。他们觉得这不是自己的职责，学前教育机构不是应该这样要求孩子的地方，而且孩子也没到应该这样做的年龄。

🔵 孩子无法理解懂礼貌的价值

0~4 岁的孩子需要被教导懂礼貌吗？答案是否定的。教孩子懂礼貌就是教他学习社会群体的沟通规则——一个特定人群使用的词，只有这一群人才能理解——比如"请""谢谢""再见""抱歉"。这些规则不是固定的，因文化而异，因语言而异。

　　因此，即使 3 岁的孩子能够正确地表达自己，并显示出良好的智力和语言发育水平，他的心理也没有成熟到能理解这些准则价值的地步，因为他还没有去掉"以自我为中心"的认知模式。他在这个年纪，只能在特定的语境中机械地重复"谢谢"或"请"这几个词，而不能明白它们的含义和价值。

　　换句话说，当大人给孩子土豆泥时，孩子会条件反射地说"谢谢"，仅仅是因为从他很小的时候起，大人就要求他在别人给食物的时候说"谢谢"，他只是把这个词和动作联系在一起而已。在他眼里，这个词只是几个音节的组合。他并没有理解这个词所包含的感激的内在含义。在这种情况下，总是要求孩子重复这个词有意义吗？

🔵 孩子在 4~5 岁的时候学礼仪才有意义

　　当孩子不再以自我为中心，当他能够理解周围的人有不同于自己的情感、思想、需要和感受时，这些表示礼貌的词才开始变得有意义。在发展心理学领域，这种能力被称为"心智理论"。虽然心智理论的发展贯穿整个幼儿期，但是直到孩子 4~5 岁时才能完全成熟，我们没有必要揠苗助长！

🔵 孩子会以自己的方式表达礼貌

　　记住，年幼的孩子天性善良、富有同情心。这是人类婴儿与生俱来的能力，是进化的选择。这也能够使他与自己依赖的成年人保持密切联系。从出生起，孩子就以自己的方式，用眼睛、微笑和抚摸向周围的人表达他所有的感激之情。之后，随着大脑的发育和成熟，感恩的方式也会不断发展。

年龄到了，孩子会主动使用礼貌用语。孩子是怎么做到的？通过模仿。如果孩子的社会榜样，尤其是父母和老师，每天都在遵守礼貌准则，孩子也将学会。没有必要一遍又一遍地像教乘法表一样教孩子一件他最终自己会做到的事情。到了 4~5 岁的时候，孩子会觉得对别人说完"谢谢"以后很开心，自然就会主动地再次表达。

因此，如果你想参与孩子的教育，最简单的方法就是给他做一个好榜样。对周围的孩子和大人表现出礼貌和尊重，然后你要做的就是静待花开。

在 4~5 岁之前，孩子说礼貌用语是一种条件反射，一些专家称教孩子懂礼貌为训练。虽然这个想法令人震惊，但也并不牵强。

孩子不是需要训练和管教的"小暴君"。恰恰相反，不是礼貌让他变得善良，而是他与生俱来的善良会让他整合和复制成年人的礼貌准则。

在这里还应当指出的是，虽然老师能够通过日常的交流自然地参与到儿童的教育当中，但是幼儿保育机构的主要职能并不是教育。

第三十一章
危险动作

学前教育机构的桌子一般都比较矮，与年幼孩子的身高匹配。然而，桌子经常会被初出茅庐的"小登山者"占领。我们该怎么做？到底要不要允许孩子爬到桌子上？

星期四下午 3 时，一个孩子小心翼翼地爬上房间中央的桌子，这是他今天的第 22 次尝试。他把两只胳膊撑在桌子上，然后是肘部，接着抬起右脚，最后撑起他的整个身体。老师第 22 次说道："亚当，你不能坐在桌子上。我不同意！你知道这是不允许的！如果你想爬高，你就去爬攀爬架，它才是用来爬的。"书架和扶手椅也备受孩子们的青睐，这些家具对小探险家们来说特别好爬，特别有吸引力。

因人而异的反应

虽然在几乎所有的集体里都存在孩子无所畏惧的攀爬行为，但老师的回应却各不相同。对一些老师来说，不行就是不行，因为这涉及人身安全问题，所以他们的回应是明确的、毋庸置疑的：不能攀爬家具，不能坐在桌子、扶手或架子上。他们只允许孩子们爬上专门准备的攀爬架。另一些老师则表现出了更大的灵活性，这取决于他们工作的时长和孩子的数量。有时，如果孩子数量较少，他们会容忍孩子爬上桌子，而当所有孩子都在的时候，他们往往会加强禁令，缩减小探险家们的活动区域（注意：年幼的孩子并不总是能够理解这种规则的变化）。还有一些老师会在合理的限度内允许孩子们爬上他们能爬的所有家具。当然，肯定不是让他们爬上桌子从一楼的窗户探出头去！

根据个人的敏感度、恐惧程度、对幼儿的了解、孩子的数量、家具的类型不同，大人的反应也不同。你会发现，统一禁令对集体（儿童和成人）都是有利的。然而，所有老师都有一个共同的担忧：担心父母得知孩子摔倒受伤之后的反应。

这一章的目的并不是给你一个固定的、教条的答案，而是为你提供一些具体和科学的论据，使你能够深化实践。我知道这个问题很容易引起分歧，并引发激烈的辩论。在我看来，最恰当的做法是以客观的方式重新关注问题的本质，即关注儿童本身：他的能力、发展阶段和基本需求。

🔵 自由探索促进孩子大脑神经元的连接

日复一日，幼儿的大脑从他身处的环境和经历中得到滋养。每一次探索、每一次发现、每一次爬上桌子和扶手椅，他的神经元之间在每秒钟内都会产生成千上万次连接。

这些连接能促进孩子的生长发育，奠定和塑造孩子的智力基础。孩子不是想爬，而是需要爬。他被"设定"为去爬，攀登、爬高、跨越、上升、到处钻、去不能去的地方、做不能做的事，这就是他的本能。幼儿期是孩子运动能力发展的黄金时期。为了锻炼平衡感、完善运动技

154

能，孩子可能会将自己置于危险的情况下，这将要求他把腿抬得更高，把手臂伸得更远，以找到支撑并寻求平衡。

糟糕的是，孩子的前额皮质还不成熟，无法抑制自己的冲动。可以说，孩子活在当下，活在此刻的行动中。当我们用禁令阻止孩子自发的探索时，不仅阻碍了孩子的行动，还阻碍了他的智力发展。

同理，让孩子坐在一张适合他高度的桌子前而不让他爬到上面，就像把一大杯水放在口渴的人面前而不让他喝一样。这太矛盾了！

🔵 幼儿头脑中没有"规矩"的概念

与成人不同，儿童不受各种规矩的约束。他对家具的感知也比我们丰富得多，对他来说，桌子不仅仅可以用来放东西，还可以用来攀爬，可以在上面站着或坐着，既是可以躲在其中的藏身之处，也是可以用玩具敲打的物品。

事实上，每一个物品都会引起孩子某种特定类型的探索，这取决于物品的形状和大小，而不取决于习惯和规矩。例如，孩子会倾向于敲击硬的物品，抚摸或摩擦软的物品。同样，他更喜欢爬上较大的物品，特别是那些有着陆平台的物品。这是一种自发的冲动，不是孩子的错。

🔵 重复的禁令让人恼火

也许你已经注意到，你的生活中总是充满禁令。对于你来说，这是你给自己制定的禁令。每天重复说 62 次"不，不要坐在桌子上"是不愉快的。对于孩子来说，这是你向他发出的禁令。每天听到 62 次"不，不要坐在桌子上"也是不愉快的。在这种情况下，大人和孩子都会产生

155

多重挫折感。

同时，这些挫折反过来又会加剧所有人的压力，并增加大人和孩子表现出攻击性的概率。根据我的经验，一个地方禁令越少，大家相处就越愉快。与人们普遍认为的相反，挫折并不能让任何人成长。我们的日常生活使我们——不管是孩子还是成年人——都遭受了足够多的挫折，以至于我们不想再增加这样的体验，并且能避免就避免。

让环境适应孩子的需求

从以上内容你可以自然而然地得出一个结论：减少禁令，让孩子爬上桌子。要知道，你允许孩子做的事情越多，他可选择的活动就越多，爬上桌子的概率就越小。关键在于创造适应孩子自发的探索需求的环境。你也可以向他提供可以攀爬的运动器材，不过，这往往不足以满足他无法抑制的探索需求。

那么，如果孩子不管不顾地爬上所有的家具怎么办呢？你有两个选择。如果你觉得爬上这些家具会产生安全隐患，例如这些架子完全不适合集体环境，随时都有倒下落在孩子身上的危险，此时你最好重新考虑空间布局，把它们从孩子的探索范围中移除。你也可以更换更安全的家具，让孩子在需要的时候爬上去。最重要的是，你应该信任孩子，他通常都能很好地从自己爬上去的平台上下来。

因此，你可以预估孩子爬上桌子的情况，再观察实际爬桌子的情况，将两者进行对比会很有趣，你将获得客观的看法，并抛开作为成年人的担忧。你可能会在这个过程中提出各种各样的问题：孩子多久爬一次桌子？当他爬上桌子时真的会有危险吗？他是头先下来还是脚先下来？他跌倒过吗？如果跌下来了，他受伤了吗？

　　为了安全，一些老师还会在家具周围放一些垫子来固定家具。此外，为了区分白天"自由使用"和用餐时间的"规范使用"，老师使用桌布来代表视觉象征意义：当桌布在桌子上的时候就是用餐时间，只能放置餐具和食物；相反，当桌布被移除时，桌面是空闲的，意味着孩子们可以再次以他们想要的方式"占领"家具。

第三十二章
有关哭的科学研究

　　婴儿的哭声往往会消耗大人的能量，甚至会让人有一种无能为力的感觉。婴儿的这种情感表达虽然很常见，却长久以来被大家误解。今天，一些科学研究使我们能够重新思考并扭转这一代代相传的成见。

　　马里恩是四个月大的男孩法德尔的妈妈。法德尔从午睡醒来后就一直在哭，不停地尖叫。他小脸通红，满头大汗，但他吃得很好，睡得很好，也没有发热。马里恩想尽一切办法让法德尔平静下来：把他和玩具一起放在软垫上，抱起他轻轻摇，拥抱他，给他安抚奶嘴，给他唱歌。不过这些都没用，他还是哭得那么厉害。马里恩也很紧张，控制不了自己的情绪，她感到非常无能且无助。大约 20 分钟后，她意识到自己无法再安抚孩子了，因为她的压力也很大，眼泪涌上了她的眼眶，她快哭出来了。如果继续待下去的话她可能会对孩子大喊大叫。这时，她让家人接手并逃出了家门，跑到小公园里平复自己的情绪。

　　马里恩不是个例。所有照顾过婴儿的大人都有可能在某个时刻被婴儿无休止的哭声淹没，导致自己也想哭、想大叫。这是关于情绪的问题，无论是谁都无法避免受到影响。婴儿的哭声会诱发成年人强烈的、侵入性的情绪。因此，当年幼的孩子开始哭泣时，我们的第一反应就是不惜一切代价让他停止。

此外，你可能已经注意到，人们对大人哭泣比对年幼的孩子哭泣要宽容得多。想象下面的场景：在更衣室里，同事告诉你，由于管理层人员的变换，她在过去的几天里压力很大，然后哭了起来。如果你对她抱有同理心，可能就会鼓励她把负面情绪发泄出来，因为你知道哭对她有好处。也许你会把一只手放在她的肩膀上，或者把她抱在怀里。显然，你不太可能给她唱一首歌来转移她的注意力，或者把一个奶嘴塞进她的嘴里来阻止她哭泣，你也不会留她独自一人在更衣室里伤心。

我们很少像对待大人那样对待孩子，面对年幼孩子的哭泣不像对同事、朋友和家人的哭泣那样表现出尊重和同情。这是为什么？

🔵 代代相传的成见

人们普遍难以忍受孩子的哭声，原因有几个方面。一方面，在托儿所或幼儿园里，每个老师照看的婴幼儿数量较多，无法时刻对所有孩子的哭声表现出足够的同理心。特别是在一天中的艰难时刻，如吃饭时、换衣服时或早晚的交接时刻。另一方面，人们对于婴幼儿的哭声有许多代代相传的成见。从前的人们认为婴幼儿哭泣是为了"操纵"大人，一个总是哭的孩子是任性的孩子，其家长的教育过于宽松。1940年的《法国儿童保育参考手册》里将婴幼儿的哭泣和尖叫解读为任性的表现和不良教育的结果。

几十年后的今天，情况有什么变化？基本没有变化。在家庭、托儿所、幼儿园等场所，人们还是会对孩子的哭声感到抗拒。最令人惊讶的是，有着博士学位的儿童心理学家和儿科医生对孩子哭泣的认知依然十分初级。尽管在学界，哭泣仍然是一个很大的谜团，但来自不同学科（心理学、神经生物学、人类学、民族学）的研究彻底改变了人们看待它的方式。你准备好颠覆认知了吗？

🔵 哭泣的真相

⤵ 哭泣不代表任性，也不代表操纵

没有一个孩子能够一听到命令就开始哭泣，成年人也做不到，除非回想自己痛苦或悲伤的记忆。想哭就哭是年幼孩子的大脑无法完成的任务。

哭闹是由婴幼儿无法控制的大脑神经系统发起的。在孩子 4~5 岁前，大脑新皮层和边缘系统之间的通路不够成熟，他还没有能力调节这些情绪的火花。这就是为什么孩子会出现如此强烈的情绪爆发。因此，试图在哭泣中找到孩子的意图是没有意义的。

⤵ 孩子不会习惯拥抱

人们总说："如果总是抱着孩子，那么孩子就会习惯拥抱，以后就没法把他放下了，大人抱孩子的时间越长，孩子就越爱哭。"然而，约翰·鲍尔比及其团队对依恋的研究表明，大人对孩子的哭泣反应越快，身体与孩子越亲近，孩子在学步期的自主性就越强。孩子依恋成年人是为了更好地独立。

近几十年来，人类学家们发现，传统狩猎采集部落的婴儿比西方国

家的婴儿哭的次数更少、持续时间更短。这要归功于部落中母婴之间被广泛推崇的亲密关系。

> 在卡拉哈里的康桑部落，母亲在 80% 的时间里都会把婴儿背在背上，并会根据需要给婴儿喂奶。母亲与婴儿保持密切接触，一旦发现孩子不适的信号，就会立即做出回应。
>
> 要知道，这种亲密的母婴关系在人类历史长河 99% 以上的时间里是被推崇的。现代西方社会鼓励婴儿独立和自主的做法并不适合婴儿那不成熟的生理和心理。

另外，婴儿在部落里被一群成年人包围着，而在我们的集体托儿所里则相反：5 个婴儿组成的小集体包围着一个成年人。

哭泣有利于婴儿生存

虽然孩子的哭声的确令人难以忍受，但若想要对它有更好的忍耐力，那就告诉自己，哭泣对宝宝的生存很有帮助，它可以在孩子有任何需求没有得到满足的情况下提醒成年人。

由于人类婴儿在一岁之前无法自由活动，无法靠自己满足生存需求，因此大人要及时对婴儿的需求做出回应，而这多亏了哭声！哭声令人不快是为了让大人迅速做出回应，迅速满足婴儿的基本需要。因此，哭泣使大人和婴儿变得亲近，这对婴儿的生存是至关重要的。从这个原因出发，一些父母在外出或在家时会用背带将婴儿背在背上，这将方便喂养婴儿，减少其哭闹，同时孩子的微小不适也会被很快注意到。

换而言之，现在的你还活着，并且还能阅读这本书，在很大程度上要感谢几千年来增加了人类生存机会的哭声！这难道不值得庆幸吗？

🔵 哭泣是一把双刃剑

20 世纪 70 年代对肯尼亚马赛族婴儿进行的一项人类学研究强调了哭泣的适应性功能及其对儿童生存的重要性。在干旱和饥荒的年份，研究者根据传统的西方标准区分出两类婴儿："容易带"的婴儿和"难带"的婴儿。几个月后他们发现，在物质极度匮乏的年份下，幸存下来的婴儿大多是那些"难带"的婴儿，也就是那些哭泣和尖叫最多的婴儿。在艰苦的环境中，婴儿所谓的"难带"气质成了生存优势。

讽刺的是，身处现代社会的人们不需要每天都为生存而挣扎了，而"难带"的婴儿却会给自己招来麻烦：因其尖锐的哭声而被大人虐待、患婴儿摇晃综合征、遭到情感忽视等，而且频繁的哭泣也会影响其和大人互动的质量。因此，在现代社会，哭泣非但不能增加婴儿的生存率，反而会使婴儿处于危险之中。

🔵 哭泣能使孩子从压力中解脱出来

学前教育机构的老师和父母经常向我提出这个问题："我把孩子抱在了怀里，他吃得很好，睡得很好，也没有哪儿不舒服，为什么他还是哭？"除了增加婴儿的生存机会，哭泣对人的身体也起着非常特殊的作用：它可以使身体摆脱在压力环境下产生的毒素。

你可能已经注意到：与其他小型哺乳动物不同，人类婴儿的哭闹并不总是能在被喂食或被抱起的时候平息。有人认为，一些看似无法通过安慰停止的哭泣让婴儿摆脱了过度紧张的状态。通过哭泣，婴儿释放出了压力毒素。

一个研究小组比较了刺激性眼泪（由洋葱引起）和情感性眼泪（由悲伤电影引起）的成分。研究人员发现：与压力相关的物质在情感性眼泪中的浓度要高得多。因此，当孩子在慈爱的成年人充满关怀的怀抱里哭泣时，毒素物质的释放使孩子恢复生理平衡，从压力状态转变为放松状态。此外，不哭泣的婴儿也会通过大量出汗来达到同样的效果。

从这个意义上说，把奶嘴塞进一个正在哭泣的孩子嘴里会阻碍压力毒素的排放，阻止他达到放松的状态。让一个婴儿独自哭泣也会产生不良后果：没有成人充满安全感的怀抱，孩子正在发育的大脑会被过多的压力分子淹没。

那么，我们该怎么做呢？

🔵 接纳婴儿哭泣，而不要阻止他

当人们听到婴儿哭泣时，大多数人会想要消除这种令人厌恶的声音，就像试图扑灭森林大火一样。这符合常理，因为这种声音对人们来说非常刺耳（这也可能是进化选择的结果，婴儿的哭声越让人不适，就越有利于婴儿的生存），给人们带来一系列消极的情绪和不舒服的感觉，如压力增大、心率加快、沮丧、紧张、有压迫感，甚至自己也想哭泣。

然而，在不惜一切代价阻止婴儿哭闹和让婴儿独自哭泣之前，你还有一个选择：首先，你要寻找孩子哭泣的原因，并满足其未得到满足的需求，如对吃、喝、排泄、安慰、抚摸和拥抱的渴求；其次，如果在你满足了婴儿的身心需求之后他仍旧没有平静下来，那么也许是因为他正在承受一些压力，在这种情况下，不要犹豫，用你舒适的怀抱迎接他的情绪，紧紧地抱着他，让他尽情地哭泣。

阿莱莎·索尔特[1]在她基于科学研究的出色著作中提出了陪伴孩子哭泣的具体方法[2]："把孩子抱在怀里，如果他睁着眼睛，就看着他的眼睛。安静地抱着他，不要摇晃。深呼吸，放松。告诉他'我会和你在一起。你想哭就哭吧'。轻轻地抚摸他的手臂或脸，让他感受到你的存在。和孩子待在一起，温柔地抱着他（即使他挣扎），直到他自己停止哭泣。你可以让他从压力状态转变为放松状态，渐渐地，他就不再哭了。

正确理解孩子的哭泣

在孩子出生的第一年，哭泣仍然是婴儿被虐待、遭到情感忽视和死亡的主要原因之一，因为对一些父母而言，婴儿的哭声给他们带来了巨大的压力。

然而，目前社会上几乎没有关于哭泣的具有科学依据的权威信息，也没有医学层面的建议。专家们的认知往往与父母们的一样，毫无根据。因此，身处一线的幼托机构老师需要发挥作用。你可以告诉父母：要正确理解孩子的哭声，给予孩子适当的陪伴。

---

[1] 瑞士/美国发展心理学家，专业领域是依恋、心理创伤和非惩罚性纪律。
[2] 当然，前提是这种哭泣不是由饥饿或疼痛引起的。

所有关于哭声的成见都有一个共同点：不知道或不接受婴儿可能需要在慈爱的大人那令人安心的怀抱里哭泣的想法。

为了让自己感觉更好，大人倾向于贬低孩子的情绪

孩子的哭声会使人们陷入一种不舒服的状态：无助、沮丧、内疚、有压力。在生理层面上，常见的是肌肉紧张、头痛、喉咙发紧，以至于想尖叫、用力摇晃孩子。

为了摆脱这种状态，很多大人都会批评哭泣的孩子："不要无理取闹了，这对我来说是行不通的！""我知道你是故意哭的，故意让我感到内疚！"。这样一来，仿佛孩子哭不是大人的错，而是他自己的错。

大哭一场吧，对你的健康有好处

根据生物化学家威廉·弗雷的说法，男性更容易患上与压力有关的疾病，如心脏病和中风，而且寿命也更短，因为他们比女性哭得少！因此，如果有需要，就大哭一场吧！这对你的健康有好处。

165

你越理解哭泣，就越能忍受它

在我教授的关于婴幼儿养育的课程中，有一个变化让我感到欣慰。

在课程开始时，大多数学生认为婴儿哭声的强度是 8 分（总分为 10 分）。当课程结束的时候，他们认为强度变成了 4 分或 5 分。

也就是说，人们对哭泣了解得越多，就越能理解它，也就越容易忍受它。

第三十三章
大脑发育关键期

　　幼儿的大脑在发育过程中具有很强的可塑性。孩子沉浸在你给他创造的环境之中，虽然他长大后可能不记得婴幼儿时期的生活，但是他的大脑中会有深刻的痕迹。因此，你的责任重大。

　　神经科学的研究结果表明：日复一日，孩子在你身边的经历会深刻而持久地影响他的大脑。这些经历会影响某些基因的显现、神经元的发育、神经回路和突触的形成、激素（催产素、血清素、多巴胺等）的分泌。孩子在生命最初几年的经历将以直接而深刻的方式塑造他的社会情感技能（克服压力、表达情感、表现同理心等）和智力技能（推理、说话、处理抽象数据等）。

🔵 每个经历都产生成千上万次神经元连接

　　这有好的一面，也有坏的一面。好的一面是，无论一个孩子的遗传基因如何，他都能像其他孩子一样发展高级的社会和智力技能，而不像过去人们所说的"宿命论"。坏的一面是，孩子生命初期所经历的或积极或消极的互动和经历都将深深地铭刻在他的大脑中。

每一次你抱着孩子，给他讲故事，帮他说出他的情绪，给他唱歌，和他交谈，孩子的大脑都会产生成千上万次神经元连接。每一次互动、每一次探索、每一次体验都通过神经元的相互连接印刻在他的大脑中。日复一日，年复一年，你参与了孩子大脑的建设，你为孩子的茁壮成长做出了贡献。

🔵 大脑保留重复经历所产生的连接

为了更好地理解日常生活对儿童大脑结构的影响，你需要理解两个概念：大脑可塑性和突触修剪。

- 大脑可塑性：在出生的前 5 年，孩子的大脑"吸收"特别好。他所在的整个环境和他重复最多的经历——即使是最微不足道的经历——也会通过无数次的神经元连接嵌入他的大脑。从出生到 5 岁，孩子的大脑每秒都会产生 700 到 1000 次新的神经元连接。虽然大脑的神经元连接在人的一生中都持续存在，但它在孩子 5 岁时会逐渐减少，在 11~12 岁青春期时将显著减少。

- 突触修剪：一段时间后，为了让孩子更好地适应环境，大脑会自动删除那些使用得最少的神经元连接。这些连接对应的是不太频繁的经历，会逐渐消退，最终完全消失。不过，大脑并没有分类功能：它保存的不是孩子最美好的经历，而是重复次数最多的、最日常的经历。让我们以三岁的罗密欧为例，尽管他偶尔也会和情绪非常稳定的祖父母在一起居住几天，但如果与罗密欧关系密切、朝夕相处的人（如父母、幼儿园老师）脾气很急，心烦意乱时会大喊大叫，那么罗密欧也可能会在处理压力和情绪方面遇到困难。

🔵 0~2 岁，大脑发育的关键时期

在孩子的大脑高度可塑的生命前 5 年中，前两年尤为关键。在这段时间里，大脑的大部分地基已经建成，孩子的社会、情感和智力技能将在此基础上发展。换句话说，当孩子吹灭第二支生日蜡烛时，人生大厦的地基已经基本建成，要想重建会变得非常艰难。

罗马尼亚孤儿院儿童的经历证明了大脑发育敏感期的存在。悲惨的精神生活条件影响了孤儿的心理发展。然而，在两岁之前被收养的儿童最终发展出了与亲生父母抚养的儿童相似的智力和社会技能。不幸的是，那些两岁以后被收养的孩子的情况却并非如此。

结论：作为照料者的你与孩子朝夕相处，积极参与了孩子大脑的构建。因此，你如何与他交谈、如何拥抱他、如何接纳他的情感、如何鼓励他、如何帮助他探索，将直接影响孩子的将来。因此你肩负重任。

可恶的警察竟然允许工厂
破坏美丽的大自然。
这个警察真是个大坏蛋……

特殊情况，如何回应

第三十四章
高敏感

与人们所认为的相反，集体生活并不适合所有孩子。有些孩子从踏进集体的第一分钟起就如鱼得水，而另一些孩子则在几个月的时间里都感到不舒服。这些孩子的特征是什么？我们应该如何帮助他们？

尼诺是一个三岁的男孩，他一直生活在巴黎一家能容纳 90 张幼儿床的大型幼托机构里。这家机构平均每个区域里有 20 个孩子，这实在是太多了！从 12 个月大来到幼托机构开始，尼诺的行为就和其他孩子不一样。他很容易暴躁，十分情绪化，并经常表现出攻击性。他总是打人、无缘无故地咬人，或者从其他孩子手中抢夺物品。他也很难安定下来专注于某项活动。他看起来很难相处，和区域里的其他 19 个孩子不合拍。他为数不多能安静下来的时候就是身处正在活动的小集体里，睡着了的时候，以及当他在老师的怀里、远离其他孩子的时候。

可以想象，在这家幼托机构老师的集体会议中，在老师与心理医生的会议中，尼诺都是被讨论的主角，因为他让大家陷入了困境。其实，这个小男孩就不是"为集体而生"的。换而言之，他不适合人数如此多的集体，这是否更好理解一些？

🔵 孩子具有社交属性，但不一定善于社交

我们总是认为：将儿童聚集在一个空间内的集体生活完全满足了儿童的基本需要，孩子天生就善于交际，他们非常喜欢住在一起！脑海中孩子们一起玩耍和欢笑的画面让我们对此深信不疑，真是童话般的世界！事实上，这是一种成见，混淆了"社会"和"社交"这两个概念。

人类是社会性哺乳动物，就像狗、老鼠、大象一样。儿童拥有一个社会大脑，有群居的本能，被"设定"为一群人生活，更确切地说，是在一个集体里生活。然而，具有社交属性与善于交际不同。当一个孩子有特定的、与其他人交往的能力，并且这种交往给他带来快乐时，他就会被称为"善于交际"。可并不是所有的孩子都善于交际，也并不是所有的成年人都善于交际。

🔵 大脑并不喜欢太大的集体

年幼的孩子被"设定"成适合生活在一个小集体里，也就是说，在出生的头几年里，孩子应该与成年人一同生活。然而，不管是儿童还是成年人都不适合生活在很大的集体里，尤其是在一个封闭的空间里。如果某个空间里的人数超过 12 人，人的压力水平就会显著增加，攻击性、退缩、易怒和神经疲劳的表现也会相应增加。因此，当 25 个孩子和 4 个老师每天在同一个封闭空间里待上好几个小时的时候，孩子的大脑里会自发产生火花！

🔵 不是所有人都能适应集体生活

大多数儿童和成人都能很好地适应集体的生活方式，然而少数人可能会因此遭受痛苦。噪声、气味、来来往往的人、活动、冲突……这些信息往往会让孩子幼小的大脑承受过多压力。因为他们的大脑更敏感，对刺激的反应更强烈，也更容易受到压力的影响。

我们以一天结束时的交接为例。虽然来接孩子的家长对大多数孩子的影响不大，但对最敏感的孩子来说，这可能会给他造成很大的压力。这个陌生的成年人会导致孩子大脑中的皮质醇（压力荷尔蒙）分泌，加快他的心率和呼吸，使他感到不舒服，有的孩子甚至会感到痛苦。美国心理学教授杰罗姆·凯根认为这与杏仁核有关：杏仁核特别敏感的儿童会对不寻常的刺激反应更加强烈，因此对陌生人的警觉性更强。

🔵 过度敏感的大脑

那么这些异常敏感的孩子是谁呢？他们有着不同的特点，可能是内向的、谨慎的、焦虑的、过度敏感的、高天赋的、患有孤独症谱系障碍或注意缺陷多动障碍……这些儿童有一个共同点：他们的大脑比其他儿童的大脑更敏感。

有多动症、孤独症或高天赋的儿童会表现出感官的特殊性，他们的一些感官会以非典型的方式处理信息。这些儿童身上可能存在听觉敏感（对声音的感知增加）、嗅觉敏感（对气味的感知增加）、触觉敏感（对物品表面的感知增加）。当他们身处一个挤满孩子和大人的房间里，面对其他孩子的尖叫、奔跑、触摸或推搡，并闻到强烈和刺鼻的气味时，过度敏感的感官会使他们不适。

另外，这种高度刺激感官的环境还会诱发孩子的非典型行为，如自我封闭、躁动、高度警觉、反复表现出攻击性、总要大人抱、难以放松或集中注意力、难以入睡或睡眠时间不超过 20~30 分钟、进食困难、社交困难等等。对成年人来说也是如此，由于感官上的特殊性，一些成年人在太大的集体中工作时也很痛苦。

🔵 减少人数，降低噪声

在一个区域里安排 20~25 名婴幼儿，这样的环境非常不适合儿童发展。在学前教育机构的几年里，孩子们很可能会因为密度过高的环境而感到痛苦。他们每天要花几个小时，耗费很多能量来缓和感官方面的过度刺激。理想情况下，孩子们应该被安置在一个人数合适的机构里，也就是一个区域大约 10 名儿童的机构。

如果你是一位学前教育机构的老师，看到这里，你也许在想："没错，书上的建议确实很好。我们这家机构目前就是人太多了，可暂时也没办法调整。我们这里也有一些高敏感幼儿，这些无法无天的小家伙们成天在房间里奔跑、尖叫和敲打。我们能做些什么来帮助他们呢？"这是一个好问题。

在条件允许的情况下，要尽可能减少室内的感官刺激和人数。以下是一些干预方法，它们对所有类型的孩子都有利：

· 缩小集体规模，尽可能将高敏感孩子安排在小集体中；

· 在家长们进进出出的交接期间单独陪伴高敏感孩子；

· 尽量不要在孩子们面前大声说话；

· 减少噪声：不要持续播放背景音乐，减少玩发声玩具的时间，让孩子们轻声说话，不要大喊大叫；

· 安排安静的活动时间；

· 带着温柔和同理心理解孩子们的情绪（恐惧、愤怒等）；

· 如果孩子们愿意，可以为他们提供单独的拥抱时间，给他们"充电"；

· 如果环境确实达不到要求，建议家长更换机构。

如果以上干预措施都无法改善高敏感儿童的生活状态，那么有必要与他的父母见面谈一谈。虽然听起来很不可思议，但也许更换机构对孩子来说是更好的选择。

有趣的是，一些自己是内向性格的父母可能会为他们的孩子选择一个大集体，让孩子"锻炼"一下社交技能。这些父母认为集体会让他们的孩子变得善于交际，然而我们很清楚，这是一种错觉！

更换机构

在与孩子的父母沟通时，要以温和、富有同理心的方式提出更换托儿所的建议。要告诉孩子的父母：并不是孩子的行为使老师心烦意乱而不愿照顾他，而是孩子需要一个更适合他的环境；不是孩子有问题，而是机构人数太多的问题，把这么多婴幼儿聚集在一个空间里可不是个好主意。要知道，更换机构的建议可能会让家长感到十分痛苦，因为他们会觉得自己的孩子被集体排斥了，但事实是他们想让孩子融入的集体人数太多，充满混乱和骚动。

🔵 学前教育机构满足的是父母的需要，而不是孩子的需要

让我们回顾一下，集体托儿所和幼儿园的创建可追溯到十九世纪，是对父母社会经济需求的基本回应，而不是对儿童社会化需求的回应。由于需要外出工作，一些家庭不得不让别人照顾自己的孩子。较富裕的人选择雇佣家庭保姆，而另一些人则转向了一种更经济的办法，即将孩子送进集体幼托机构。随着时间的推移，这种集体幼托机构演变成了今天的托儿所和幼儿园。有些孩子和老师适应了这种生活方式，而另一些孩子却很难适应。

此外，如果说今天的大型儿童集体（托儿所 / 幼儿园 / 学校）真的满足了儿童的需要，它又怎么会让那么多的孩子感到不舒服呢？

第三十五章
高智商

按照媒体的说法，高智商只存在于成年人和学龄儿童中。然而，一个 10 岁的小天才很可能从出生起就拥有高智商。孩子的哪些迹象表明他具有高智商？如何陪伴高智商的孩子？为什么在婴儿期就识别出孩子具有高智商是很重要的？

从出生的头几个星期起，马克西姆就表现出一些不同寻常的特征。作为刚出生的小婴儿，马克西姆的目光很专注，他会长时间皱着眉头环顾四周，这在当时就引起了他父母的注意。两岁时，马克西姆时常表现得像一个观察者：他比其他所有孩子都更喜欢"扫描"周围的人，然后才会融入环境，开始行动。与其他孩子相比，他的情绪更强烈，反应速度和学习速度更快，词汇量更大，记忆力更强。马克西姆是一个智商潜力很高的孩子吗？一切迹象都表明：是的。

好吧，让我们一起
回顾一下可以识别
小天才的迹象。

🔵 识别高智商孩子

有关高智商婴幼儿的科学文献并不多，因为人们对这部分群体的研究很少。高智商并不是一种病理，没有必要在学龄前就对孩子进行甄别。然而，还是有一些研究使我们能够识别出年龄稍大的被判定为高智商的孩子，我们能够在他很小的时候发现一些不同寻常的特征。

当然，不同儿童的情况有着巨大的差异，尽管大多数小天才都有某些共同特点，但是并不存在唯一的高智商模式。此外，要警惕过度诊断，以下任何一个单独迹象都不代表可以直接将孩子判定为高智商，需要对以下特点进行综合考量，并对儿童的总体情况进行评估。

- 从出生的头几个月起，孩子的目光就很特别：可能是强烈而充满探究的；也可能相反——目光空洞无神，孩子沉浸在自己的思考中。

- 孩子的大脑反应速度很快，电信号从一个神经元传递到另一个神经元的速度很快。

- 平均而言，孩子的睡眠时间比其他孩子短。他入睡可能更困难，尤其是在一天结束的时候，因为他很难像成年人一样让兴奋的大脑停下来。

- 孩子可能表现得非常安静，甚至情绪被抑制；或者相反，孩子的行为非常躁动，显现多动迹象。

- 孩子会比其他孩子更谨慎，喜欢反复观察周围的环境。

- 孩子的记忆力极佳。

· 与其他儿童相比，孩子的运动能力发育可能会提前 1~2 个月。

· 相较于同龄人，孩子的情绪表现更加强烈，无论是愉快的（当他笑的时候可能会流泪，或者当他高兴的时候可能会跑来跑去），还是不愉快的（当他悲伤的时候会感到无法得到安慰，或者当他遇到陌生人并感到害怕的时候会吓得呆若木鸡）。

· 孩子的感官很敏锐：跟其他人相比，孩子能更敏锐地感知周围环境的细节，比如他能闻到特殊的细微气味，或者能看见天空中一架很小的飞机；他也可能对环境的冷热或某些织物令人不舒服的质地更加敏感。

· 孩子描述事物所用的词汇是精确的，他经常能注意到常人发现不了的细节。

也许你会说，这些迹象在大多数孩子身上都可以找到。确实如此，但还是有些细微的差别。在小天才身上，以上所有的特点都表现得更加强烈和极端，有一种"放大镜"效应。

要注意，以上列出的迹象不是诊断标准，而是特征总结。与多动症和孤独症一样，高智商儿童要通过专业人员进行标准化评估才能识别。一般来说，在 6 岁之前进行的测试不太可靠，只有在孩子满 6 岁以后，通过 WISC-V（韦克斯勒儿童和青少年智力测量表）评估，并与孩子及其父母进行个性化面谈，心理学家才能得出孩子是否有高智商的结论。还有一种名为 WPPSI（韦克斯勒学前儿童智力量表）的测试，适用于30 个月以上的孩子。不过，由于认知功能在这个年龄阶段仍然不稳定，假阳性和假阴性时常发生。除非由于某种原因孩子必须提前进入学校，否则没有必要强迫孩子耗费精力进行乏味和昂贵的评估。

🔵 为孩子提供有安全感的环境

现在，让我们回到实践中。怎样才能让高智商儿童如鱼得水？正如我们在前文所看到的，高智商儿童最大的特点就是有敏锐的感官和丰富的情感。因此，你首先要为孩子提供一个安全的环境，使他能够平静地身处其中，从而慢慢发展自己的潜能。

高智商儿童最重要的需求是与成年人建立依恋关系。如果未能与陪伴其身边的照料者建立起依恋关系，高智商儿童可能会一直处于低安全感的状态之中。这将限制他对环境的探索，影响他的社会性的发展。他将很少玩耍、不太说话、睡眠减少、食量变小、很少微笑，在连续几个月里都缺乏主动性，因为他每天都在生存线边缘挣扎，一直处于警觉状态。

许多高智商儿童需要比其他孩子更多的时间来融入新环境，然后才能在其中如鱼得水。在这种情况下，稳定的照料系统对孩子来说是非常有必要的，他能和某一特定的成年人建立牢固的联结。在最初的一段时间里，要给孩子充分的适应时间，应该减少他周围其他成年人的数量。

高敏感度的高智商儿童需要成年人的耐心陪伴。虽说一个有天赋的孩子能更快地学会新知识，但比起其他人，高智商儿童对事物产生信赖所需要的时间也更长。照顾这类孩子需要成年人有耐心和毅力。他就像一个住在安全泡泡里的孩子，你必须慢慢接近他，赢得他的信任，小心翼翼地进入他的泡泡中，而不要强迫他出来。

最后，当孩子有了足够的安全感之后，就应该考虑在认知和运动方面促进他的发展，以此来满足他对刺激的天然需求。当大人为孩子提供合适的活动、调动他的注意力时，躁动和不安分的高潜力儿童就能被很好地引导。

正如你所理解的，高智商儿童需要特殊的陪伴。不要相信表象或关于天赋的成见，一个2岁的高智商儿童不一定会背诵字母表，也不一定能数到100。

虽然高智商儿童具有很高的潜力，但他同其他所有儿童一样，也有自己的脆弱性。你要做的是识别他，并给他提供最适合发展的环境。

高智商是优势

与人们普遍认为的相反，高天赋的孩子并不会学业失败、长期失业或服用抗抑郁药物。媒体对早慧儿童的描述往往与学习障碍、学业失败和情绪不稳定有关。然而，正如认知科学家弗兰克·拉莫斯所指出的："这种负面评价并不适用于所有高天赋的人，只适用于通过了高智商测试同时又有特殊问题的人。媒体只是从不具有代表性的样本中得出了结论。"

许多研究表明，学业失败、长期失业和服用抗抑郁药物的现象在普通人身上与在天才身上出现的几率相差无几。大多数高智商儿童的发展都很好，他们在学校里很聪明，从事着擅长的工作，并且不会患上精神类疾病。对于那些有学习障碍或过度情绪化的儿童，如果他们的智商很高，那么他们就更有机会摆脱困境、获得成功。

结论：高智商是绝对优势，而不是诅咒。

在幼儿时期识别高智商儿童有什么意义？

·有助于更好地解读孩子的行为，悉心照顾他的高敏感和强烈的情绪反应，并满足他与成年人建立联结的强烈需求，使他更容易平静下来。

·作为学前教育机构的老师，如果孩子的家长对孩子强烈的情绪感到担忧和不知所措，那么你可以让家长放心，告诉他们，孩子是正常的，并且应该充分发展孩子的潜力。当然，这并不是要告诉家长，他们的孩子有很高的智商，因为在心理学家评估之前，这只是一个假设。

·识别高智商儿童并不是为了让他更早地进入校园。虽然孩子在认知层面上可能已经做好了学习的准备，但在情商方面可能并没有准备好。

第三十六章
选择性缄默症

朱莉娅是一个健谈、活泼、调皮的 3 岁小女孩，和这个年龄的大多数孩子一样，她喜欢说话、问问题、听故事、玩文字游戏。然而，在从她 18 个月大以来一直被托管的托儿所里，她从来不说一个字。当老师问她问题时，她不回答，一动不动，眼神回避。她高兴的时候也很少笑。在托儿所里，在其他孩子和老师面前，她像一盏熄灭了的灯，以一种持续自我抑制的方式克制着她的话语，也克制着她的情感。然而，当她和父母一起走出托儿所的大门时，却变成了一个话痨，好像什么异常都没发生过。强烈的对比简直令人难以置信。

如何解释孩子在家庭和托儿所的行为差异？朱莉娅患有选择性缄默症，这是一种罕见的焦虑症。茱莉娅也很想像其他孩子一样喋喋不休、大喊大叫、大声欢笑，但她做不到。不是她不想，而是她不能。她感到非常没有安全感、非常害怕、非常焦虑。保持沉默能让她减少焦虑，但是会使她陷入沉默的恶性循环。

🔵 一种相当罕见的焦虑症

选择性缄默症是指孩子持续一个月以上无法在一个或多个社交场合

（通常是托儿所、幼儿园、学校）说话，然而在其他场合（如家里）却能说话。

根据为数不多的关于选择性缄默症的研究，只有不到 1% 的儿童受到这种疾病的影响，其中大多数是女孩。然而，病患数量很有可能被严重低估，因为患有选择性缄默症的孩子很容易被周围的人忽略或轻描淡写地看待：她只是害羞，等她准备好了就会说话，让她安静会儿吧。

研究表明，选择性缄默症在移民家庭的孩子中尤为常见，因为他们在家里说的语言与在外面说的语言不同。患选择性缄默症的儿童身上往往有特定的遗传因素：孩子的父母或祖父母往往表现出害羞、焦虑、内向、沉默寡言的特征。除了遗传因素以外，这些儿童还受到环境因素的影响，例如他们的家庭一直保持着孤独的、氏族的生活方式，很少与社会接触。在遇到搬家、换学校、家庭破裂等情况时，也有一部分孩子会患上选择性缄默症。在某些情况下，选择性缄默症还表现出一些其他症状，如语言障碍或语言发育迟缓、心理发育障碍，甚至智力障碍。

🔵 及早干预

作为学前教育机构的老师，当你遇到一个患有选择性缄默症的孩子时，应该如何帮助他？首先，不要忽视这种疾病。当然，不是让你来做出诊断，而是将你的担忧告诉孩子的家长和心理医生。研究认为，这种疾病越早被发现，并在生活中得到及时的干预，孩子痊愈的机会就越大。

你可以建议孩子的父母，在令孩子感到舒适的范围内，尽可能多地让她接触新的社交环境，如和祖父母短暂地住几天、和表兄弟姐妹一起散步、去朋友家吃点心、与朋友一起吃晚餐等。孩子的社交生活越丰富、越愉快，在集体中以及和陌生人相处时就越自信，也就越有可能摆脱沉默。这与让害怕狗的孩子摆脱恐惧的方法一样：如果孩子在良好的环境条件下与狗接触得越多，就能明白狗是无害的，就越不害怕它们，因此也就不会回避它们。

创造缓解焦虑的环境

你的主要目的不是让孩子开口说话，而是创造一个能缓解她焦虑的环境。首先，你要与孩子建立一种互相信任的关系。用充满共情和理解的态度对待孩子，告诉她，你想帮助她，你明白对她来说开口说话很难，但你永远不会强迫她说话。

当然，不要总是坚持让她说"你好""再见""请"或"谢谢"，也不要强迫她在其他孩子面前说话或唱歌，否则她的恐惧会增加，也会更加沉默。你可以分小组玩游戏或阅读，如果可能的话，邀请一个与她亲近的孩子一起活动。最后，即使她一言不发，也一定要让她融入集体生活，可以请她帮一些小忙，如分发围兜、拿蜡笔、拿玩具等。虽然孩子不说话，但这些活动会帮助她逐渐融入集体生活。

与家长密切合作

经验表明，帮助儿童在集体说话最有效的策略是老师与家长密切合作。父母是最优的合作对象，因为往往只有在孩子的父母在场的情况下，孩子才会自如地表达。你的目标是让使孩子感到舒适的家庭生活与集体生活产生交集。

为此，你可以这么做：

· 让家长从家里找出孩子特别喜欢的书和玩具带到集体中来。早上你可以和孩子单独阅读几分钟，并鼓励她和其他孩子一起阅读。

· 让父母早上和晚上花时间在集体中陪伴孩子。刚开始让父母带上孩子最喜欢的书和玩具，在人少的角落陪伴孩子，初衷是让孩子在这里放松下来。渐渐地，你可以加入他们一家三口的游戏中。如果孩子的状态不错，接下来还可以邀请孩子的一个朋友加入。如果情况持续良好，可以再邀请集体中的其他孩子。如此一来，孩子的社交圈就会逐渐扩大。

越早在集体里使用这些策略，你就越能防止选择性缄默症在孩子身上扎根。调查显示，根据孩子自身及其家人的干预和陪伴的不同情况，孩子的选择性缄默症会持续 2~12 年。通过你充满善意的干预，孩子康复的几率会增加，患病的时间也会缩短，未来的学业也可能不会受到缄默症的影响。接下来轮到你上场了！

第三十七章
孤独症

越早发现儿童孤独症的早期迹象，就可以越早寻求治疗、进行康复训练，使得部分功能障碍得以修复。日夜陪伴孩子的照料者可以根据一些早期迹象发现孤独症的端倪，并及时去医院寻求治疗。

马蒂斯即将迎来他的两岁生日。自从他六个月前到托儿所以来，这个小男孩的行为一直吸引着老师的注意。老师很难理解他的眼神，也听不懂他发出的声音。当老师叫他的名字时，他有时候没有反应。他经常置身于其他孩子的活动之外，只重复一项活动：将玩具排列整齐或堆叠起来。当老师指着他身后的门时，他会盯着她的手指，而不是看向她指着的门。马蒂斯有什么问题吗？如何解释他与其他同龄孩子的差异？他是不是患有孤独症谱系障碍（ASD）呢？

🔵 早发现，早介入

幼儿的大脑具有一种被称为"大脑可塑性"的宝贵能力，这意味着他们小小的大脑能够根据周围的环境而改变、调节和转换。如果在孤独症儿童发育的早期进行干预，就会给大脑带来许多积极的刺激，从而弥补缺陷，提升孩子的沟通和社交能力。虽然这种治疗不能消除孤独症的所有症状，但它将显著提升孩子进一步学习和社交的机会。因此，发现孩子孤独症早期症状非常重要。

关注孤独症早期症状

患有孤独症的儿童可能在出生后不久就会显现出一些异常迹象。美国亚特兰大的一个研究小组指出：孤独症婴儿的眼神从两个月大的时候起就与正常婴儿的眼神有所区别。通常，婴儿自出生起就会与人进行交流，其中包括眼神交流。比起脸部的其他部位，婴儿对他人眼睛的观察更加频繁；比起身体的其他部分，婴儿对他人脸部的观察更加频繁。然而，在研究小组的实验中，研究人员发现孤独症婴儿看向他人眼睛的次数比正常婴儿少，微笑和发声的次数也比正常婴儿少。在婴儿两个月大的时候，研究人员就可以使用信息化工具来识别孤独症的早期症状。这些症状往往非常细微，因此常常能躲过家长和老师的眼睛。

识别孤独症迹象

随着孤独症孩子的成长，他与同龄孩子之间行为的差距会越来越大，孤独症的迹象也越来越容易识别：

· 与他人目光接触较少；

· 有时候对别人叫自己的名字没有反应（因此，检查孩子听力至关重要）；

· 很少与成年人分享感兴趣的事物，如玩具；

· 只玩玩具的某一部分，比如娃娃的头发、卡车的轮子或鳄鱼的牙齿；

· 玩的游戏是感官型的，而非功能型的，比如他会在灯光前舞动娃娃的头发，而不是给娃娃梳头；或者把卡车扔到空中，听它摔在地上的声音，而不是让卡车在地面移动；

· 玩的游戏种类少、内容单一，主要是堆叠或排列玩具。

🔵 筛查不等于诊断

在整个过程中，识别和解读迹象应该保持谨慎。

· 要记住：每个孩子都有自己的发展轨迹。有些轨迹是线性的，有些则不然，不典型的发展轨迹并不一定就是病态的。

· 并非所有患有孤独症谱系障碍的儿童都会表现出以上症状。因此，要在个案的基础上进行全面综合的分析，这是医生要做的工作。

· 注意：筛查是检测、识别、发现可能的病理迹象，并不等同于诊断。诊断是对一系列症状使用固定术语进行定义的医学方法。虽然筛查可以在儿童生命的早期进行，但诊断需经过多学科医学小组的评估，一般在儿童三岁左右才能做出诊断。

· 孤独症儿童的主治医生往往倾向于给出安抚的答复，让患儿的家长对其发展感到安心。这与学前教育机构和广大家长所持有的"早介入早治疗"的观点完全相反。这么做的原因有很多，部分原因是一些医生缺乏孤独症诊断方面的相关培训，且会诊时间较短，他们无法对儿童进行详细和充分的观察。

· 有些儿童心理学家和学前教育机构的老师对早期筛查持反对意见，

认为查出疾病就是给孩子贴上了标签。

在考虑孤独症之前你应该知道的事情

· 孩子的出生日期是？他多大了？（这些信息是必要的，可以正确定位孩子所处的年龄阶段，而不会低估或高估他的发育情况）。

· 孩子是足月出生还是早产？

· 你担心的具体内容是什么？是孩子发育的某一方面（如语言）还是整体的发育状况？是孩子在特定环境中的行为（如自由游戏）还是全天的行为？

· 孩子的强项和弱项分别是什么？

· 孩子在家里的情况怎么样？他得到足够的照顾了吗？他的家庭状况如何？

· 孩子睡得好吗？吃得好吗？

· 其他。

孤独症的典型症状分为三大类：

（1）社会交往障碍

－对孩子微笑时孩子不笑，或者延迟微笑；

－无法捕捉到孩子的目光；

—孩子不与他人接触，交谈时心不在焉；

—叫孩子的名字没有反应；

—当你准备抱孩子的时候，他不张开或只张开一点点手臂；当你把勺子递到他嘴边的时候，他也不张开或只张开一点点嘴巴；

—喜欢独自活动。

（2）言语和非言语交流障碍

—与同年龄的孩子相比不太会表达，或者极少说话；

—他听不懂你对他说的话，或只能听懂一点点；

—模仿手势有困难，如指物、鼓掌；

—很少或根本不指物品；

—当你用手指引导孩子看一个物体时，他会看向你的手指，而不是看向你指的物体；

—很少和成年人分享感兴趣的事。

（3）刻板和重复行为

—玩的游戏一般是简单的、感官的和无象征意义的，例如将小汽车排成一排，而不会编一个关于汽车的故事或让汽车在地上跑起来；

— 过度依恋一些物品；

— 有不寻常的肢体动作，例如上半身摆动或手像蝴蝶翅膀一样扇动；

— 照料人变更或更换常用物品时，孩子可能出现过激反应，如咬人、扯头发等。

重要事项：这里描述的症状严重程度因人而异，有些儿童身上可能存在这些问题，有些儿童身上可能不存在。

别忘了在笔记本上写下你每次观察的时间、日期和详细信息（自由游戏、吃饭、睡觉……），以供医生参考。要定期观察孩子，追踪记录他的发育情况，至少每月一次。

识别听力障碍

有时，看起来像"活在自己的泡泡里"的孩子其实并没有孤独症，而是患有听力障碍。在带孩子去看耳鼻喉科之前，你可以根据以下问题来做出评估：

· 孩子是否对巨响有反应，如突然跳起来或出现表情变化？

· 当有响声或有人在附近说话时，孩子能否循着声音转过头去？

- 孩子对别人喊自己的名字有反应吗？

- 孩子会自言自语、喋喋不休吗？

- 从 6 个月大开始，孩子会发出 "pa" "ba" "ma" 的音吗？

- 从 12 个月大开始，孩子是否会重复一些词语？

- 从 15 个月大开始，孩子是否能够找到一个隐藏的声音来源？例如，你摇晃一个隐藏在你背后的沙锤，孩子是否会探身寻找？

- 孩子能否理解简单的话语，例如 "给我倒一杯水"，而不需要你用眼神或手势示意？

- 从 20 个月大开始，孩子能否说出几个词语？

- 孩子对听故事或声音游戏感兴趣吗？

- 做以下小测试：挥动隐藏在你身后的物体，让物体发出声音。孩子会抬起头来吗？他会试图接近声音吗？他会寻找声音的来源吗？

孤独症的统计数据

以下是关于孤独症谱系障碍的一些统计数据：

- 每 10,000 名儿童中有 60~70 名；

- 约每 150 名儿童中就有 1 名；

- 约占人口总数的 0.6%；

196

· 法国约有 65 万人；

· 欧盟国家约有 500 万人；

· 患者的男女比例约为 3：1。

第三十八章
婴儿摇晃综合征

婴儿摇晃综合征是一种非意外的头部损伤。一般是由被孩子的哭声弄得不知所措的成年人用猛烈摇晃婴儿的方法来使婴儿闭嘴，导致婴儿的头部遭受创伤。

摇晃婴儿是一种暴力行为，会对儿童及其家庭造成严重伤害。作为照料者，你可以在预防婴儿摇晃综合征中发挥重要作用。也许你的家人有摇晃婴儿的习惯，也许你觉得婴儿不停哭闹非常烦人的时候，也有可能会做出摇晃婴儿的动作。

艾文在 6 个月大的时候因被他人摇晃而患婴儿摇晃综合征，他的母亲玛丽·勒米·塞塔说："在知道这件事后我伤心欲绝，我不知道是哪个念头让我最伤心。是想到可能会失去孩子？是知道他被虐待了？是我要带着愤怒和仇恨生活？是我被误列为嫌疑人然后被拘留 26 个小时？还是我不知道事情到底怎么发生的？我是否要提心吊胆地看着孩子长大？"这位年轻的母亲后来成为了法国婴儿摇晃综合征组织的副主席。她告诉我，事件发生两年多后，她仍然没能从被指控的肇事者那里得到供词，也不知道这件事是否会结案。

🔵 严重的后遗症

婴儿颈部肌肉组织脆弱，头部较沉，当成年人剧烈摇荡或暴力伤害婴儿时，就会对婴儿的大脑、视网膜和脊椎造成非常严重的损伤。婴儿的头部快速而有力地来回摆动，会使他的大脑组织撞击颅骨，导致血管撕裂、颅内出血。成年人对婴儿的每一次摇晃都有可能将其脑组织撞击到颅骨上，造成严重的神经损伤。

因此，婴儿摇晃综合征的潜在后果是多方面的，正如法国高级卫生管理局局长安娜·劳伦·瓦尼尔所说："婴儿摇晃综合征的后遗症有几个方面，包括智力、行为、视觉、运动和躯体等方面的损伤。在智力方面，会导致孩子的学习障碍或精神障碍；在行为方面，会出现躁动、攻击性、缺乏主动性等情况；在视觉方面，会导致视力障碍甚至失明；运动和躯体方面会导致癫痫等。这些后遗症往往是严重的、永久性的。"

玛丽·勒米·塞塔补充道："婴儿摇晃综合征的后遗症也许会延迟出现。我们曾经见过一个小女孩，她在 11 岁之前都是正常的，然而她在 11 岁以后发育迟缓的表现越来越明显，最后辍学了。"值得注意的是，比起小女孩，小男孩更容易受到摇晃的影响，且三分之二的病例发生在孩子 6 个月大之前。如果孩子是早产儿或多胞胎，那么孩子遭受暴力摇晃行为的风险指数会升高。

🔵 危险的父亲

肇事者的情况各不相同，涉及所有社会文化背景。在 70% 的情况下，造成孩子患婴儿摇晃综合征的是男性，通常是孩子的父亲。在一个美国研究小组分析的 151 起婴儿摇晃综合征病例中，20% 的病例由婴儿母亲的伴侣造成，17% 的病例由保姆或婴幼儿养育专业人士造成，他们忽视了婴儿的正常需求。父母年龄较小也被认为是一个额外的风险因素，此外的风险还有药物滥用和家庭暴力。

🔵 预防行动

那么，如何防止这种形式的虐待呢？ 1992 年，第一个名为"不要摇晃婴儿"的预防方案在美国实施，旨在告诉父母，婴儿哭泣的意义，以及指导父母正确陪伴婴儿。研究小组在对 19 家妇产医院进行了为期 8 年的研究之后指出，通过在这些妇产医院实施一项预防方案，包括对护士进行简短培训，向产妇及家人播放时长几分钟的视频等，摇晃婴儿的现象减少了 75%。

在法国，这种规模的研究很少，因为需要大量昂贵且耗时的技术手段。尽管如此，社会上还是有一些预防行动，其中包括菲利浦·格鲁克的插图"永远不要摇晃婴儿，摇晃会导致死亡或终身残疾"，以及内克尔的作品"你不应该摇晃你的婴儿，他是脆弱的"。

被低估的数据

在法国，每年有 120~240 名婴儿被确诊为婴儿摇晃综合征，然而，这一数字很可能被低估了。当婴儿被送到医院时，许多父母或其他照料者由于担心受到法律的制裁会选择隐瞒真相。他们会告诉医生，孩子只是摔倒了，或声称不知道孩子身上发生了什么。因此，医院很难做出婴儿摇晃综合征的诊断，尤其是对于意外死亡的儿童，目前也没有自动尸检的程序。

　　值得注意的是，在有记录的婴儿病例中，有一半的婴儿平均被摇晃了 10 次，其余被摇晃的次数从 2 次到 30 次不等。

解决自己的问题才能更好地回应孩子

第三十九章
偏心某个孩子

作为学前教育机构的老师，有的孩子和你在一起时，你没有什么强烈的感觉，但有一个孩子是那么惹人爱，他和你很同频，你们互相理解，他很快就成了你最爱的孩子。你会在人群中寻找他，想要和他待在一起。然而，偏爱和厌恶某个孩子都是不被倡导的，是应被禁止的。虽然你时常掩饰，但大家总是会感觉到这种偏爱和厌恶。

🔵 如何解释对孩子的偏爱？

🔹 吸引是自然现象

老师常常被要求对儿童保持绝对中立，不应该对一个孩子表现出关爱而对另一个孩子表现出排斥，不然会被视为失职。然而，我们忽略了一个重要的细节：喜爱和厌恶是自然的和人性的。

对于儿童来说，他们也会对某些成年人有所偏爱，而对另一些成年人有所厌恶。在学前教育机构这样一个到处都是大人和孩子的环境中，这种现象是很自然的。有时，吸引力是直接且双向的。从第一眼开始，你就会感觉到吸引力的魔法在起作用。不是所有的老师都知道这种偏爱现象，每个人投入精力多少不同，自我管理状态也不同。

这个孩子各方面都合你的心意

要列出孩子吸引你的所有原因将是一个大工程。因为原因有很多，且因人而异，每个成年人都有各自丰富的经历和感觉。

也许这个孩子是一个你可以"掌控"的孩子：当他哭泣时，你可以让他平静下来；当他疲倦时，你可以让他入睡；当他有压力时，你可以让他安心。在你面前，他什么都吃，而且食量很合你的心意；他希望与你接触，却不会表现得太具侵略性。总的来说，虽然年龄很小，但他遵守你为他制定的生活规则，并且服从你的权威。在他面前，你感到自己有能力、很重要。

"宠儿"的家长

有时，这种吸引力是在家长层面发挥作用的：与家长的相处是友好和融洽的，从而对你和孩子的关系也产生了积极的影响。孩子的家长很欣赏你，很感激你对孩子的付出。由此，良性循环开始了：自然地，你会更多地照顾他们的孩子，同时他们的孩子也会让你变得更好。

情感转移

一些心理学家认为，通过对孩子的过度投入，老师能在一定程度上实现自己做母亲的愿望，从而缩小母亲这一身份与职业之间神圣不可侵犯的距离。在我看来，这个问题比较复杂。一些老师告诉我，自从他们有了自己的孩子之后，就再也没有在工作中遇到真正的"宠儿"了，他们与所照料的孩子的关系自发地疏远了；相反，另一些人则向我表明，即使在自己的孩子出生后，他们仍然对工作中的某些孩子有明确的偏爱，这些孩子是真正的"宠儿"。因此，这个问题不能轻易下结论。

◗ 不依恋孩子，这可能吗？

从进入幼儿世界的那一刻起，你就会被不断地提醒一条金科玉律：不要依恋孩子。有人认为这一建议应该被严格执行，但这在我看来则是荒谬的。哺乳动物天生就会对同类产生依恋，并会与同类中的个体建立特殊的联系，而且这种依恋倾向对婴幼儿的生存和幸福来说必不可少。许多老师私下都告诉我："我们被要求不要依恋孩子，但这是不可能的！"

◗ 保持恰当的距离，然后呢？

与孩子保持恰当的距离是老师进入幼儿世界的第二条金科玉律，虽然这听起来有点可笑。首先，"恰当的距离"具有很强的主观性：对你的同事来说恰当的距离对你来说不一定是恰当的。此外，我们都知道，温柔和具有同理心的回应会促进孩子情感大脑的成熟，那么为什么要阻止对孩子表达爱呢？别忘了，爱能满足孩子的生存需要，并滋养他的大脑。

◗ 这是文化问题

在法国文化中，表达对他人的感情（如示爱或表示出友好、与他人拥抱等）是不被鼓励的，甚至是让人尴尬的；但在大西洋彼岸（如美国和加拿大），友好的身体接触是自发、自然的行为。

一些带有脆弱情感和／或自恋特征的老师，可能会在某天开始对一个孩子产生充沛和过度的感情，导致开始排斥其他孩子，这时就需要他人的介入。除了这种特殊情况外，只要不影响其所照顾的孩子们的生活质量，成年人的所有依恋和爱护行为都只会对其所照料的儿童产生有利影响。

🔵 我们该怎么做？

💠 消除负罪感

对孩子有亲和力和偏爱是再正常不过的、符合人性的事情。只要你意识到了这一点并做出适当调整，风险就可控；但如果你意识不到自己偏爱某个孩子，并没有做出应对举措，那就会有一定风险。作为老师，首先要能够分析自己的行为和感受，照顾孩子的利益。然而，如果你每天都在忙于照顾年幼的孩子，就很难有时间考虑这个问题。因此，不必太有负罪感，尽力去做就好了。

💠 团队协作

通常情况下，一起工作的老师们会发现某个孩子被过度关注。有些人对此并不反对，但另一些人会对这种相互甚至排他的依恋关系表示出不解和厌恶。对于这种情况，不管是当事人还是其同事，都必须打破僵局，共同协作。目的不是阻止老师对儿童产生特定的依恋，而是帮助双方重新衡量，评估这种依恋对有关儿童、其家长、团队和儿童集体的影响。一些习惯了这一现象的老师会以幽默的口吻谈论此事，以此淡化这种"宠儿"现象。

💠 照顾其他孩子

对一个孩子的特殊感情不应影响对其他孩子的照料质量。重要的是，要注意不要把自己封闭在排他关系中，要与所有的孩子保持联结。

即使你的偏好是正常的，也应该在一定的限度内表达。避免称偏爱的孩子为"心肝宝贝"，只表扬他一个，大部分时间都想抱他等行为。

如果确实有必要，把接力棒传给别人

当你觉得你和偏爱的孩子之间的关系变得太封闭或窒息时，不要犹豫，把接力棒交给同事，无论你们是不是共同看护人。另一方面，如果有位同事和某个孩子之间关系很亲密，在同事主动提起之前避免以孩子与同事的关系太近为借口将同事调走（如果同事是他的照料人的话）。幼儿需要固定的依恋对象才能在集体中茁壮成长。

第四十章
不喜欢某个孩子

　　尽管不是你的本意，但你和某个孩子就是不"来电"。你对他没有感情，也没法对他产生同理心，一点也不想主动去找他，而且他见到你还会把你推开。许多学前教育机构的老师每天都在经历这样的情形，但人们不去讨论这个问题，似乎这是一个禁忌话题。

🔵 为什么会不喜欢某个孩子？

▶ 所谓的"中立"并不真正存在

　　作为老师，你被要求对所有被照顾的孩子及其家长保持绝对的中立和合适的距离，做到公平和公正。不允许对一些孩子表现友善，而对另一些孩子表现出敌意。然而我认为，我们应该回顾一个基本的观点，那就是：你是在人类当中工作。在你的工作中，有无数的亲密关系和问题交织在一起，而且许多因素是不可控的，例如感情。就像所有的人际关系一样，规矩有时可以起作用，有时却没用。

▶ 这个孩子让你怀疑自己的工作能力

　　与一个孩子不来电有多方面的原因，可能是因为他总是表现出攻击性，不停地哭，不受你的约束也不听你的话，让你感到很无助；也可能是因为他在你的怀里就开始打你的脸、咬你，很少笑或从来都不笑。

拿一个孩子没办法是种不愉快的体验，甚至对一些老师来说是无法忍受的。事实上，无论在何种职业中，缺乏或失去对某种情况的控制都会引起压力。值得一提的是，与孩子的家长有冲突或关系微妙也会严重影响你与孩子的关系。

孩子不吸引你

有时候，厌恶某个孩子的原因主要是身体上的而不是行为上的。例如，你觉得他长得不好看、行为笨拙、流很多口水，甚至散发出一种你无法忍受的气味（汗味、香味、呕吐物的气味等）。因此，把他抱在怀里对你来说是一种折磨。

孩子不主动找你

尽管适应期很顺利，你与孩子家长的关系也很不错，但有时是孩子自己不想与你接触。一些老师说："说出'这个孩子不喜欢我'令我很痛苦。"为什么孩子会有这种抗拒？有人认为，孩子往往会抗拒把他与家长分开的人，也就是他在学前教育机构的照料者。我看待这个问题则更加谨慎：只要孩子不表达自己的感受，我们就很难破译他的头脑中到底发生了什么，就容易过度解读。为什么不邀请你的同事仔细观察你和孩子在正式时间（交流、吃饭）和非正式时间（自由游戏）的互动？这样可以更加客观地分析原因。

不是你理想中的孩子

这个孩子与你理想中的孩子形象相去甚远。也就是说，你想要孩子总是情绪稳定、快乐，长着一张漂亮的脸，总能遵守规矩，表现出自主性，总是想与你接触（足以让你觉得你对他的成长是重要和有价值的，同时他又不会过分黏你），能快速入睡，不挑食且食量适中，并且孩子的家长也认可和赞赏你对他们孩子的付出。

恶性循环

如果你假装关爱孩子，那么他可能就会感觉到你的不真诚。一个没有得到充分支持和陪伴的孩子往往会逃避与大人的接触，一直不高兴，表现出攻击性，甚至不停地哭闹。孩子对情感安全的需求得不到满足时，会本能地寻求你的关注来满足这种需求。于是恶性循环开始了，你们俩都困在了不和谐的关系中。

我们该怎么做？

敞开心扉讨论问题才能更好地解决问题

打破禁忌，和信任的人（同事、儿童心理学家等）讨论你的感受，这样会使你从思想包袱中解脱出来，以真诚的方式问自己：为什么会讨厌这个孩子？只有通过质疑自己才能进步，才能打破障碍，真正解决这种不和。此外，回忆你与孩子的第一次接触：你迎接了他吗？是谁带着他适应环境？你当时有什么感觉？等等。

改变对孩子的看法

如你所知，孩子倾向于按照你对他的看法行事。定期观察这个孩子，观察他的成长，这会让你调整对他的看法，采取更客观的角度，并注意到他的潜力和长处。要知道，你的新角度可能会培养孩子新的行为。

ᗒ 解读孩子的情绪，确定他的需求

通常，不欣赏孩子的老师会对孩子缺乏同理心。想要培养宝贵的同理心——养育孩子的基石——你需要花时间解读孩子的情绪、确定他的需求。同时要记住：任何异常的行为，如哭泣、攻击性表现等，都体现了孩子的需求未得到满足。

在学前教育机构里，孩子特别需要成年人给予个性化和善意的关注。因此，孩子并不是叛逆，而是他需要你。

ᗒ 建立联结

通过共享快乐的时光，你可以与孩子重新建立联结：和他一起玩，给他讲故事，给他唱歌，向他伸出双臂……如果说在一开始你付出诸多努力和他共度时光，那么随着你们关系的发展，你们会自发地享受相互陪伴的时光。孩子会表现出快乐的状态，这会鼓励你继续下去。

第四十一章
讨厌孩子的家长

要与一个孩子相处，首先要接触他的家长。然而，与孩子的家长建立持久的联系并不总是一件容易的事，因为这其中的利害关系纷繁复杂。对一些学前教育机构的老师来说，最难的不是照顾孩子，而是和家长沟通。这种建立在脆弱的平衡基础上的关系有可能会很快崩溃。

🔵 为什么会不喜欢某个孩子的家长？

▷复杂的"半路"关系

学前教育机构是专业机构，在这里，老师必须保持中立，和家长保持距离。老师和家长之间的关系是非常矛盾的。在传统社会中，当家长在白天被迫与孩子分离时，他们通常会把孩子托付给家人、朋友、其他亲近和信任的人。而现在，家长把他们最宝贵的、全心全意爱着的脆弱小生命托付给一个由照顾宝贝而获得报酬的陌生人。

因此，从根本上说，学前教育机构的环境是不纯粹的，涉及了儿童身边的成年人之间脆弱的关系。一位不想把孩子送去托儿所的年轻母亲告诉我："我不希望照顾我儿子的人是因为报酬而做这件事，这对孩子来说是可悲的。我希望照顾他的人爱他、关心他。所以我选择做兼职，自己带孩子，工作的时候把孩子交给他的奶奶。"

老师是"分离者"，是把孩子和家长分开的人

对于许多母亲来说，早早就与宝宝分离并不是自发的行为。许多母亲（以及越来越多的父亲）都是带着沉重的心情重返工作岗位，他们会因为工作日与同事在一起的时间比与孩子在一起的时间更多而感到内疚。有些家长开始羡慕你和宝宝在一起的时间，有时甚至感觉你比他们更了解孩子。由于你的角色，你成为了他们质疑的对象和焦虑的来源，有些家长可能还会把他们的负罪感、焦虑和悲伤都朝你发泄。

家长的过度担心

所有家长都会担心孩子是否会受到良好的照顾，在这方面他们需要安全感。他们想确认你知道怎样照顾好他们的孩子：你喜欢他们的孩子，你会及时给孩子换尿不湿；当孩子开始哭的时候，你会安慰他；你不会像他们在新闻上看到的那样——把孩子遗忘在角落里或小床上。家长注意到的一些不愉快的小细节（一块沉甸甸的尿不湿、在接孩子时没有提到的孩子身上的小伤痕等）会迅速打破你们之间脆弱的关系平衡。

家长需要得到承诺，他们有时提出的问题在你听起来像是质问，比如"这次你几点换的尿不湿？"家长焦虑的眼神，向不同老师反复提出同样的问题……所有这些表现都可能被你曲解，影响你们之间的关系。

家长不给你正面评价

有些家长觉得你需要让他们放心，而你则希望得到他们的尊重和认

可。有些家长可能会对你工作的复杂性轻描淡写，将孩子送到幼托机构时的一句"玩得开心"经常会惹恼老师。这句话本身没有问题，但它反映了家长对你的工作仍然存在很深的成见，看不见你的辛勤付出。有些家长可能会以傲慢的态度对待你，让你感觉低人一等。还有些家长总是不听从你的建议，比如当孩子还不能坐着的时候坚持要让他自己坐着；或者拒绝让你给孩子穿尿不湿，使得孩子经常在托儿所里尿裤子，增加了你的工作量。

所有这些家长都有一个共同点：他们不给你正面的评价，不重视你的工作，不了解你的选择和你的工作，不承认你的重要性。你们之间的关系岌岌可危。

▶ 不认同家长的教育价值观，不理解他的选择

我们每个人都有自己的教育价值观，它根植于我们的个人经历，根植于我们所接受的教育。当你的教育价值观与家长的不同甚至南辕北辙时，你可能就会和他们不"来电"。

为什么小约翰肠胃不舒服好几天了，家长还要把他送到幼儿园？为什么小克拉拉的父母自己去旅游却不带上她，每天让奶奶送她来托儿所？为什么给发烧孩子的父母打电话却怎么都打不通？

不知不觉，你可能就会给这些父母贴上"坏家长"的标签。你是怎样暴露了自己对他们没好感的想法？你的非语言动作——语调、神态、姿势、动作、眼神——暴露了你的内心世界。

216

🔵 我们该怎么做？

▶ 确定分歧的根源

如果你想改善与家长的关系，可以问问自己与他们不和的真正原因是什么。你是否觉得他们贬低了你，不认可你的专业能力？从你的角度来说，你内心深处是否质疑他们为人父母的资格？

你们之间产生冲突的原因一部分是明确的，另一部分可能更复杂，因为它们更隐蔽。在许多冲突中，自我和自尊的问题并不总是显而易见的。同时，你也可以问问家长的感受，这样才能对他们产生同理心。

▶ 回忆你与家长的第一次接触

所有的关系都是从第一次接触开始的。在采访中，家长有时会告诉我，他们第一次去学前教育机构见到将要照顾孩子的老师的情景。他们记得所有的事情：墙壁的颜色，坐在角落里微笑的孩子，房间的气味，第一眼对视，老师的着装，提出的问题等。

当第一次接触不是在最佳的环境下进行时，接下来双方的关系可能会受到影响。你还记得见到这位家长的那天吗？你的心情是轻松的吗？那天是不是你的一个同事没来，或者是不是你刚好头痛，又或者是不是有一个孩子把你累得够呛，导致你情绪不高？这位家长给你的第一印象是什么？你知道为什么吗？

▶ 和家长见面

当你和家长的关系破裂时，你应该寻找机会和家长进行沟通。你可以和他在机构外会面，谈论孩子的情况。

在这次会面中，请家长说出他的情绪、怀疑和担忧。同时，如果你有自信，也可以说出你自己的情绪。总之，专注探讨你们的共同关注点：孩子有被好好地照顾。

定期提供关于孩子的评估

在孩子来到学前教育机构的第一年里，如果家长很想了解孩子的情况，可以每两个月给他们提供一次关于孩子的简短评估，以建立双方的信任。

与每天接送时的口头交流不同，这次交流是正式的，且时间更长——平均20分钟。在评估过程中，你会回答家长关心的所有问题，家长也可以提出问题，表达自己的疑虑。这是预防可能存在的沟通不畅的情况的好方法。

邀请家长参观

如果你觉得某位家长始终心存疑虑，对机构的养育方式缺乏信心，那么为什么不邀请他和你一起共度一个上午呢？如此一来，他就能了解机构的运作方式，看到自己的孩子如何在集体中成长，并与老师建立良好的关系（一上午与孩子们一起唱23遍《小兔子乖乖》，这是增进关系的极好开端！）。

有些家长需要你"敞开大门"才能增加对你的信任，还有一些家长在有了这种沉浸式体验之后会更焦虑，但也能更体谅你的工作，因为他们意识到要个性化地照顾每一个孩子是多么困难的事情！

与家长保持距离

记住：即使有来自家长的批评，也不意味着是针对你本人，而是针对你作为照料者所做的工作。对此，你应该客观看待，避免陷入过度纠结的情绪当中。

有些家长在下午接孩子时表现得很不客气甚至很无礼，这可能是因为他们刚刚经历了糟糕的一天：令人焦头烂额的工作、失败的求职面试或交通瘫痪导致了几小时的堵车。

试着理解家长为什么会这么做，不要怀有敌对情绪，这样才能让你们的关系缓和下来。但要注意，理解并不意味着道歉。

"非暴力沟通"的倡导者马歇尔·卢森堡说过："每一次批评、每一次攻击都表达了一种未得到满足的需求。"换句话说，如果有人批评或攻击你，那不是你的过错，而是因为这个人心中有所缺失、有所需求。可能是他未曾实现某种价值，可能是无法获得某种平静，也可能是得不到某种关注。无论是在工作中还是生活中，这句话都应该牢记于心。

第四十二章
脆弱的家长

在学前教育机构，老师总有一种奇怪的倾向：认为家长非常脆弱，就像熊猫宝宝一样需要受到保护，有时甚至以牺牲孩子的需要为代价。注意，这是一个非常敏感的话题！

我们 [1] 正在参加一个集体托儿所的家长会。在校长到来之前，几位年轻的父母和他们的孩子坐在地板上，在两名老师的陪伴下闲聊。一位母亲问到如何让宝宝入睡。大家一边喝着苹果汁，一边友好地从为人父母的经历聊到育儿的经验。

🔵 两难的境地

就在这时，另一位母亲轻声说："我的小儿子和其他人不一样。他从 3 周起就一直趴着睡觉，他好像很喜欢这样睡。现在他已经三个半月了。"接下来是一阵令人尴尬的沉默，没有人敢跳出来反对婴儿趴着睡觉，但众所周知，这个姿势会增加婴儿意外死亡的风险。一位父亲小声地说："趴着睡觉不是不太安全吗？"这个妈妈回答说："我知道，有人

---

[1]　作为学前教育机构的一员，以及作为心理学家和培训师，我特意使用"我们"这个词来讨论这个敏感话题。因为我发现，自己也经常陷入那种害怕使父母难堪的状态。

已经和我说了。专家们总是改变主意，以前建议婴儿趴着睡觉，现在又建议躺着睡。你知道吗？我觉得最好的办法就是孩子自己想怎么睡就怎么睡！"两位老师保持着沉默，她们的表情很尴尬。虽然她们非常想告诉这位母亲，婴儿趴着睡觉的确有风险，但转念一想，毕竟她才是孩子的母亲，这是她自己的事。

另一位母亲用尽可能温和的语气说："让婴儿仰卧并不是专家们一时兴起的建议。自从他们建议父母这样做以来，意外死亡的婴儿人数下降了 75%……"那位母亲很生气，她被这句话激怒了："专家总是这样！总是让母亲感到内疚！不要做这个，不要做那个，我们应该怎么办？这些数据毫无意义，还不如让我们耳根清净一些！"提出劝告的那位母亲回答说："我很抱歉伤害了你，我不是想让你感到内疚，而是想让你知道……"这时，两位老师都垂下了目光，不知所措。最让人惊讶的不是这位母亲的态度，她只是和其他父母一样，在别人给她建议的时候理直气壮地顶撞，而是这两位老师全程都不敢发声来支持科学的观点。

🔵 支持父母

学前教育机构是支持和陪伴父母养育孩子的首选场所。《儿童权利国际公约》强调：支持父母的养育是保障儿童权利最重要的手段，因为父母在养育中出现问题会给孩子日后的生活带来许多困难。通过在孩子的生命之初就支持父母，我们可以降低父母养育失职和虐待孩子，孩子学业失败、患精神障碍、犯罪和滥用精神类药物的风险。在孩子婴幼儿阶段对父母的支持能够降低婴儿猝死、患婴儿摇晃综合征的概率，也能减少孩子在成长过程中出现饮食问题、超重、患注意缺陷多动障碍、行为障碍，出现屏幕上瘾、学习困难的风险。

要知道，儿童心理发展的里程碑出现在生命的最初几年，其中的挑战之一是尽早发现孩子的发育障碍，及时干预。世界卫生组织和一些国际机构都表明了支持家庭育儿的重要性。人们越早采取行动、越早干预，结果就会越好。因此，育儿支持是公共健康领域的一个关键问题。

难以启齿的话题

发现孩子发育迟缓或患有发育障碍

实际上，学前教育机构缺少对父母的预防和支持行动。老师害怕激怒父母，不想让他们感到内疚，让他们担心。有时，他们宁愿牺牲孩子的利益也不愿与家长发生冲突。一位学前教育培训师幽默地回应道："父母并不是熊猫宝宝！"。有些老师说："为了不让父母担心，校长希望我们不要谈论对孩子发育的担忧。两年来，我们说话一直拐弯抹角。"

在一家托儿所当心理医生的苏菲跟我说了她的亲身经历："托儿所的托管期结束以后，孩子要上幼儿园了。幼儿园小班开学 10 天后，老师告诉家长，孩子患有某种障碍。家长感到非常震惊，他们回到托儿所找我要个说法，我很惭愧。我们不仅浪费了治疗孩子的宝贵时间，还没能帮助孩子为向学校过渡做好准备。通过及早干预，这个孩子本来有可能从康复训练中受益，并完全有可能融入幼儿园生活。"

不应将家长的需求凌驾于孩子之上

有时，对父母情绪的过度保护也会体现在教学项目的选择中。一位学前教育机构的心理医生告诉我们："在实践的时候，在场的老师经常以'不行，家长不会同意'为借口，拒绝我改进教学项目的建议。"

"为了减轻在场婴儿的压力，可否让家长一起坐在地上，一个接一个地进行交接呢？"

"不行，父母不会同意坐着，他们不想在等待的时候弄脏衣服！"

"那让孩子们白天光着脚，提高他们的敏感度，增强他们对地面的抓地力呢？"

"不行，父母不会同意的，他们会担心孩子感冒！"

"让孩子们爬上咖啡桌来满足他们的攀爬需求，给他们新的体验呢？"

"不行，父母不会同意的，因为他们的孩子可能会摔倒！"

有时候，父母的意见和需求似乎凌驾于孩子之上了。

上报家长的虐待行为

一位老师告诉我她的经历："一位父亲告诉我们，他会扇孩子一巴掌让他闭嘴。有时，他会把孩子单独锁在房间里，在黑暗中教他冷静下来。他每次和我们说这些事情的时候，大家都会被吓一跳。我们知道这是虐待，但我们却一直保持沉默。有一天我站了出来，我告诉他，我理解孩子给他带来了麻烦，但他不能这样做。我告诉他，他的孩子一定很痛苦，我们可以帮助他找到其他的办法。然而，这位父亲却向市政厅投诉了。第二天，我被传唤到市教育局负责人的办公室。负责人没有站在我这边维护孩子，而是站在了孩子父亲那边。我感到很失望！"

🔵 在陪伴和引领中找到适当的平衡

只要父母尊重孩子的需要，那么养育和教育子女的选择就是私事，只与父母有关。例如，父母可以决定他们是否和孩子一起睡觉，是推婴儿车还是用背带背着孩子散步，母乳喂养还是奶粉喂养，是否在孩子 2 岁或 3 岁时教他知识，和孩子说英语还是法语。当孩子的权利得到尊重时，老师的职责只是以中立和友善的态度陪伴孩子。

然而，只要儿童的权利受到损害，如过度接触电子产品、受到身体或心理虐待、被父母故意情感忽视等，那么养育就不再是属于父母的私事了，而进入了老师的干预范围。老师有责任做出行动，不是要控诉和责备父母，而是要告知和指导他们。因此，为了转达这些重要的信息，就必须以充满同理心和尊重的方式与家长进行善意的沟通。对家长表示支持不仅仅是让他们放心，告诉他们对孩子来说他们很重要，以及他们是很棒的家长。支持的举动还包括给家长提供建议，有时甚至可以引领他们的行为，在他们的行为威胁到孩子的幸福或健康成长时主动指导他们。

🔵 如何解释老师对家长持有的谨慎态度？

如何解释老师这种过于谨慎的做法？原因有多方面。首先，由于学前教育机构的老师的职业缺乏应得的认可和尊重，他们不认为可以站在自己的立场向父母提出质问和建议。一些老师认为只有在父母希望他们提供信息时才可以提供建议。还有很重要的一点是，在婴幼儿时期，养育和教育孩子似乎是为人父母的职责，没有人能不请自来地参与。不过，当儿童的基本权利受到威胁时，老师就应该插手了。因为孩子无法维护自己，所以老师是孩子的最后一道防线。最后，老师这种无法对父母坦诚相待的态度，很可能是"共同教育"理念的作用。老师不断被提醒，他们不是孩子的父母，只是接棒人，必须尊重父母的教育选择。这是对的，但是要在一定限度内。当孩子的权利受到威胁时就要打破这种界限，老师不能袖手旁观。

第四十三章
心理医生

　　越来越多的学前教育机构会在团队中吸纳一名心理医生。有些孩子甚至都不会说话，要心理医生做什么？这是最近几年出现的现象，一些老师和家长对此心存疑虑：心理医生的作用是什么？他能为老师提供哪些支持？

　　如果要总结在学前教育机构工作的心理医生的角色，那么可以说他是一个"杂工"，负责所有人的个人福祉，无论儿童还是成人。他的工作内容是多方面的：观察一个白天经常受挫的小男孩，约见一位对女儿的成长有疑问的爸爸，陪伴一个无法让孩子成功午睡的老师，帮助一位管理方法跟不上时代的校长，思考一种更好的管理方式以减轻孩子和老师的压力，提高团队对孤独症信号的认识，举办一个以自主如厕为主题的家长会等等。

🔵 三重作用

　　心理医生的作用有三个方面：确保儿童的健康发展，陪伴老师的日常实践，给家长提供支持。话虽如此，可心理医生的地位和作用在不同机构中有很大差异，这取决于心理医生的个性和所接受的培训、管理层的期望、团队的需求，以及心理医生在机构的工作时长（从每个月几个小时到每周几个小时不等）。

学前教育机构并不总是能为心理医生提供理想的环境。心理医生通常没有单独的办公室，在机构的时间也很少，他们心中很难有归属感。很多时候，心理医生不得不在非常规的地方，比如休息室或运动室里，坐在彩色的小椅子上或盘着腿坐在地上即兴与家长交谈。因此，许多心理学家觉得学前教育机构似乎并不欢迎他们。同时，他们也是这一领域的新手，因为在大学接受的五年教育并不足以为他们在学前教育机构的工作做好准备。

🔵 团队的工作伙伴

当心理医生能够很好地融入机构并被团队所接受时，他就会成为一位有价值的工作伙伴。他会以善意和中立的态度倾听老师的困惑，并根据自身对儿童和成人心理的了解来努力协助老师履行职责。此外，心理医生能够激发团队的思考，并鼓励团队换一个角度看问题。事实上，在繁忙的日常生活中，人们很难发现看问题的新角度。

举个例子，老师被不到 2 岁的简频繁哭泣弄得焦头烂额。在调查过程中，心理学家提出了新的线索：简嚎啕大哭多久了？简在一天中什么时候哭得最多，是在早上吃饭的时候，还是在下午开始感到疲倦的时候？大人对他的哭声有什么反应？他适应得怎么样？他的家人每天抱着他多久？他在家里的生活状态怎么样？他在托儿所里经历了什么特别的事情吗？一般来说，在心理医生与老师进行交流之后，孩子的表现就会发生变化。奇妙的是，改变老师对孩子的看法就能在不知不觉中改变孩子的行为！

🔵 心理医生不是魔法师

要注意，不要把心理医生当成手持魔杖的魔法师！许多团队期望心理医生提供现成的方案直接解决实际问题，然而事实上，心理医生的职责不是指导老师，而是协助他们进行集体思考。此外，心理医生几乎没有受过向老师提供建议的培训，与学前教育机构所期待的相反，心理医生更擅长积极地倾听。无论如何，即使心理医生对幼儿及其成长有一定的了解，老师也会比他更了解所照顾的孩子的习惯和需要。因此，老师的观点与心理医生的观点可以形成互补。

🔵 心理医生是中立的

在时间允许的情况下，心理医生会沉浸在孩子们的生活中。充足的观察时间能够使他更好地了解儿童的行为，也能更好地了解老师的教学实践。可以肯定的是老师也许很难接受，在工作环境中有这样一位心理医生，尤其是他还会时不时记录下自己的行为，老师对他的评价的恐惧也是人之常情，而且即使是心理医生自己也可能不喜欢有人在他工作时观察他。一般来说，当心理医生与团队建立起了相互信任的关系时，在场的老师就会更好地度过这些观察时间。但要知道，这位心理医生不是为管理层服务的间谍，他以善意和中立的态度进行观察，这是为了老师们的利益，也是为了孩子们的利益。

心理医生需要沉浸在孩子们的真实生活中，才能更好地帮助老师解决工作中的问题。由于孩子们还不会说话，心理医生需要仔细观察才可以破译孩子的非口头语言。在日程安排允许的情况下，心理医生会与团队口头交流他的观察结果。有时，让心理医生回想观察结果会显得不那么正式，并且结果可能会与观察到的有所出入。因此，如果老师有疑问，就要毫不犹豫地询问他。

与家长会面

有时心理医生会和孩子的父母见面。这种面谈是保密的，一般由父母主动约见，他们会就孩子在托儿所或家中的行为、孩子的生长发育向心理医生提出疑问。

另外，也可能是心理医生在与团队进行多次讨论后，对孩子的成长或行为表示关切，主动要求与父母会面。这种面谈往往会引起家长的严重担忧。

目前，人们对心理医生仍然存在很多先入为主的观念。许多人仍然把心理医生和精神病医生混为一谈，错误地认为心理医生的专业领域仅限于精神疾病。有些父母甚至拒绝见心理医生，理由是他们的孩子没有"疯"！

因此，老师要向父母解释心理医生的作用，并对父母的抗拒心理表示理解。

关怀自己才能更好地回应孩子

谈论我？不要啦，我会脸红的！

第四十四章
减压的 10 个方法

作为学前教育机构的老师，你经常面临很大的压力。如何减轻工作中的压力，防止职业倦怠？跟着以下内容做吧！

🔵 为什么会压力大？

照顾年幼的孩子并不是一件容易的事：在照料者人数经常不足的情况下，你每天要工作 8~10 个小时，要承受孩子们强烈的情绪，调解他们之间的矛盾，抽出时间单独陪伴孩子。孩子们会哭、喊、打人、咬人、爬上架子、摇晃栅栏等。

你经常觉得自己失去了对局面的控制，对所照顾的年幼孩子的反复和冲动的行为感到无助。更别提那些周一早上就给你压力的家长，从学年开始就经常与你有分歧的同事，以及非但没有支持你反而不断责备你的上级。

即使对最坚强的人来说，种种复杂情况交织在一起也会头昏脑涨。因此，当你处于压力状态时，混乱的大脑可能会发出指令，你会在情绪的支配下做出反应，理智也会短路。结果是你失去了对局面的控制，并做出不恰当的反应。

233

🔵 确定 4 个压力来源

1）控制不了局面：局面失控，手足无措，比如有一个孩子总是咬人。

2）承受不可预测性：一个完全意想不到的事件发生了。比如当你在睡眠区陪伴孩子们午睡时消防演习突然开始了。

3）面临新情况：要面对从未经历过的事情，比如第一次家长会。

4）遭到质疑：能力和自尊受到考验，比如主管把你叫到办公室，因为一位家长投诉你关于孩子情况的反馈内容太少，他对此很不满。

你的目标是学会识别自己在某一时刻的压力状态："好吧，我现在压力很大，我该怎么办？"，并尝试下文中提出的一个或多个解压方法。

🔵 如何管理当下的压力？

· 练习腹部呼吸，这是修身养性和放松的基础动作：深呼吸，使腹部隆起；用鼻子吸气，用嘴呼气，连续几次。

· 喝一大杯水。

· 拉伸。

· 吃一盒巧克力，最好是黑巧克力，因为它是快乐元素镁和快乐荷尔蒙的来源，你可以把它看作是"荷尔蒙巧克力"。

· 离开房间，出去散步。可以去公园散步，步行时的氧合作用结合重复和有节奏的眼睛活动，有助于放松。

· 打开窗户，呼吸新鲜空气。别忘了定期更换教室的空气，无论什么季节，每天都要通风几次。

· 微笑。这有助于欺骗你的大脑，释放快乐荷尔蒙，被称为"面部反馈假设"。如果不快乐，微笑一下，你就会变得很快乐！

· 用保湿油或护手霜按摩双手。

· 给自己正向刺激：想象一处宁静美丽的风景；设想自己身上即将发生一件愉快的事情，或者在心里想象你爱的人。为什么不把你爱的人的照片贴在你的储物柜或文件夹上？这样你就可以随时看到他了。对于那些听觉比视觉更强的人，为什么不利用休息时间听一首喜欢的音乐或是唤起美好回忆的音乐呢？另外，闻闻令人愉快的气味，或者在柔软或蓬松质地的东西上滑动手指，也能让你平静下来。在此刻，别忘了脱离你的理性，专注于你的感觉。

· 唱一首歌。唱歌可以加深呼吸，提供氧气，缓解紧张情绪，并分泌内啡肽，使你感到快乐。

"我决定做一个幸福的人，因为幸福有益健康。"

——伏尔泰

根据积极心理学的研究，你要做的就是改变自己看待事物的方式，提高对生活的满意度。

第四十五章
身兼数职

与人们普遍认为的相反，既是幼儿教育工作者又是父母并不是一件令人愉快的事情。这其中有许多难处：要对自己的孩子放手，要承受周围人给的压力，还要忍受内疚——要照顾的是别人的孩子而不是自己的。生活并不总是一条平静的长河！

"我是幼儿园老师，我的大儿子托马斯就在我工作的幼儿园上托班，但我们不在一起。有一天，他的脸颊被别的孩子咬了，伤得很严重。当我下班去接他的时候，我还没见到孩子呢，照顾我儿子的同事就拉住我说：'托马斯被咬了！但我们想，他的妈妈是你，你会理解的！'当时我的心被扎了一下，同事觉得她不是在跟一位妈妈说话，而是在跟一位幼儿园老师说话。但那一刻我只是妈妈，我只想尖叫！"

当老师的同时又当父母，这并不是一件容易的事。所有有着这样双重身份的人都会发现自己处于一种尴尬的境地，常常充满矛盾、紧张和压力，还有最常见的内疚。让我们一起来了解亲身经历者是怎么说的吧。

🔵 她们这么说

🔹感觉自己不够好

了解本行业的多种知识——儿童心理学、教育学、儿童保育——是一把双刃剑。

"我的专业知识让我在母亲这一身份上产生了负罪感。"玛丽说道，"虽然这些知识对家长来说是宝贵的财富，但同时也会带来压力，让我觉得自己永远达不到标准，永远当不了完美的父母，难以用最好的方法教育自己的孩子，也无法像我读过的书上所说的那样做得那么好。"

索尼娅说："当妈妈让我变得情绪非常不稳定，我觉得自己必须是完美的，因为我是老师。我给自己施加了太大的压力，以至于我感觉不到自己是一个母亲。我想得太多了！当我两个月大的女儿对她的父亲微笑时，我开始怀疑自己……为什么她不是对我微笑？我告诉自己，我之所以很难和她建立联结，是因为我想得太多，在感情投入方面不够。因此，我决定放手，这样是有好处的。"

克拉拉说："我花了一段时间才把我的职业和生活分开。当我停止观察她，开始接纳自己是一个不完美的母亲时，我的女儿放松了下来，湿疹也好了！"

🔹对自己和他人要求高

从教育实践的角度来看，了解什么是对，什么是错，会提高你对为人父母的要求。

"当我第一次对女儿大喊大叫的时候，我就哭了出来。我很惭愧，也很羞愧。我整晚都在请求孩子的原谅，担心这会破坏我们之间的关系。"玛丽·安吉说道。

高要求也会用在身边其他人的身上。索尼娅说："我总是看不惯其他家庭成员（如父亲和祖父母）照顾我儿子的方式，我只看得到消极的一面。"

承受来自身边人的压力

你身边的人往往依赖你的育儿知识，高估了你成为好父母的能力。

"我经常听到别人说，你是一个幼儿教育工作者，所以你一定知道如何照顾你的孩子。"

"不，不是这样的。我只知道如何做一名幼儿教师，而不是妈妈！而且，从我女儿出生的那一刻起，我就什么都不知道了！"杰西卡说。

范妮补充道："我儿子出生几个小时后，护士走进我的房间，对我说：'你是幼儿教师，所以你应该不需要我教你怎么换尿布吧？加油，我一会儿再来！'我当时就哭了，感到非常无助……"

克洛伊说："我两岁的女儿经常在半夜醒来，我的伴侣说：'我们该怎么做才能让她睡一整晚？你是心理医生，你一定知道！'但我和他一样不知所措。他忘了虽然我是心理医生，但不是孩子的心理医生！"

对自己孩子的生长发育情况异常焦虑

由于你丰富的职业经验，你成了儿童生长发育方面的专家。你所遇到儿童的多样性和你所观察到的发育轨迹的多样性，使你能够本能地发现一些发育不正常的警告信号，因此，当你自己为人父母的时候，事情就会变得更糟。

席琳说："在我的职业生涯中遇到过一些孤独症儿童，我觉得我的孩子可能是孤独症，我害怕极了。在他出生的头几个月里，我不放过每一个微小信号，我快疯了！有一天，我带孩子去看儿科医生，医生对我说：'你的孩子没问题，你可以放松了。不过，你看起来不太好，你应该去看医生。'"

巴蒂斯特虽然不那么焦虑，但仍然保持警惕："虽然我不太担心女儿会有某些方面的疾病，但在她小时候我仍然保持高度警惕。如果我有任何顾虑，我就会去咨询我认识的各种专家：心理学家、语言病理学家……"。

🔵 为照顾别人的孩子而感到内疚

许多幼儿教育工作者内心都有一种负罪感——要照顾别人的孩子，自己的孩子没法亲自照顾，而要交给别人——如果照顾你家孩子的老师也有自己的孩子，那你们可能同病相怜。

帕特里夏说："自从我做了妈妈，我回到工作岗位后，对工作中需要照顾的孩子们就没有对我女儿那样有耐心了。对我来说，离开我的女儿去照顾别人的孩子真的很难……"

斯蒂芬妮说："我女儿正在学走路。有一天，我看到一个和我女儿差不多大的小女孩迈出了第一步。我心想，我不会告诉她的父母，这样我就不会'剥夺'他们见证奇迹的那一刻。然后我又立刻想到，我的女儿是不是也在迈出第一步？在远离我的地方，在别人的注视下？我很伤心，很痛苦。我觉得我失去了作为一个母亲的生活。"

实际上，你们中的许多人有时会觉得，自己和别人的孩子在一起，比和自己的孩子在一起更能干，更有耐心，能做更多的活动，这也助长了内心潜在的负罪感。

🔵 双重身份的好处是多方面的

本章的目的不是要让你感到沮丧，而是想让你意识到你内心深处的情感是大多数父母所共有的，这样说让你感到有一些欣慰了吗？最后，以下是这种双重身份的好处：

- 你所掌握的育儿知识对孩子的教育非常有用，你能理解孩子的情绪，选择合适的儿童护理设备，创造一个适合孩子发展的环境（不用学步车、不看电子产品、让孩子自由发展运动技能等、不用酒精和抗焦虑药麻痹自己）。

- 你对年幼孩子的了解使你能够正确地看待成长的必经过程，这对父母而言是真正的奢侈品。你知道大多数孩子都不会故意熬夜，你理解他突如其来的怒火，你知道为什么他不愿吃绿色蔬菜，而喜欢吃甜食和面包。简而言之，你明白婴幼儿是无法控制，也是难以相处的。最重要的是，你比任何人都清楚这是孩子发育的必经阶段，并且知道这个阶段总有一天会结束。

- 你对教育的了解使你对自己所受的教育产生怀疑，这样你就不会在你自己的孩子身上重蹈覆辙了。

- 如果你的孩子有不正常的发育症状、发育障碍或疾病的征兆，相比其他父母，你可能更有能力察觉，从而尽早进行干预治疗。当然，你和孩子之间的感情也会使你缺乏客观性：你很可能会高估或低估孩子遇到的困难。

· 你与家长的关系会发生深刻的变化，你将变得成熟。当你养育一个自己的孩子，你可能更理解为人父母的痛苦，你会变得宽容、愿意谅解他人和充满同理心。同时，你也会更愿意支持他们，向他们提出建议。

最后，正如幼儿教育家杰西卡所说："当父母的好处是，你从'你理解不了，你没有孩子'的状态中走了出来，变成'你必须知道，你有孩子了！'。"总之，人生的冒险还在继续。

祝大家成为好父母！

第四十六章
工作与生活

在育儿领域，工作可能会以不同的方式影响个人生活，给人带来一些干扰和困惑，有时候甚至是痛苦。当一个人既是父母又是幼儿教育工作者时，工作所带来的干扰也伴随着负罪感。

🔵 双重身份

一位年轻的母亲告诉我，由于职业要求，她不习惯与孩子做出非常亲密的举动，她认为工作破坏了她和第一个孩子的关系："我已经非常习惯不亲吻孩子，不给他们取小名，也不给他们太多的拥抱，以至于当我成为一名母亲的时候，我不知道该怎么做。我没有跟随内心的指引：没有给我的女儿取小名，不怎么亲吻她，也没有给她很多的拥抱。这种职业态度毁了我和女儿的关系。因此，当我的第二个孩子出生的时候，我努力摆脱职业对我的情感束缚，跟随我内心的指引，那感觉就像摆脱了重担。"

另一位老师赛芙琳告诉我们，在从事了这份工作后，所有关于神经科学、教育和育儿的知识都在影响着她，而当年她养育孩子的时候对这些一无所知。"如果我早知道这些知识，那么在我抚养孩子的时候就不会那样做了。当年我经常惩罚孩子们，对他们大喊大叫，让他们独自在床上哭泣，当他们不听话的时候我会威胁他们。那时候我对这些知识一无所知。现在，当我看到有关心理暴力对孩子正在形成的大脑的影响的研究时，我非常难过，尽管我知道这种内疚是没有意义的。有时我又会对自己说，我现在就想再生几个孩子，这样我就可以用完全不同的方式陪伴他们，我想重新来过。"

🔵 没有必要自责

在谈到关于"家长－幼儿教育工作者"的双重身份所带来的影响时，人们常提起一个观点：许多老师承认，他们在工作时照顾别人的孩子比回家照顾自己的孩子更有耐心，他们为此感到内疚。

玛蒂尔德是一名幼儿教育工作者，也是 5 岁和 7 岁孩子的母亲，她说："我的丈夫和孩子们总说我晚上回到家以后还是一副压力很大的样子，经常对他们大喊大叫。"

范妮说："当回到家的时候，我已经筋疲力尽了。我花了一整天的时间克制自己，倾听孩子们的情绪，努力让自己不陷入与他们的较量中。晚上回家面对我自己的孩子时，我就躺平了，我没有精力了。只有当我的孩子们上床睡觉，我终于可以喘口气的时候，我才意识到我没陪伴他们，我感到很内疚。"

虽然以上情绪令人不愉快，但这都是正常的。正如《非暴力沟通》的作者马歇尔·卢森堡所指出的：我们都倾向于对最爱的人更严厉，更没有耐心。为什么会这样？因为出于本能，我们会在自己所依恋的人面前放松警惕，释放紧张情绪。这是信任的标志，也是依恋的象征。同理，你的丈夫会用甜美的男孩声音和他亲爱的妈妈通电话，但他又会用干涩、严肃的声音和你说话。还有，你的孩子和祖父母在一起时乖巧温顺，包容度很高，但当你给他一杯颜色不合心意的饮料时，他却会像金刚狼一样暴跳如雷。依恋对象是紧张和其他不愉快情绪的容器，我们不可克制地向他／她发泄情绪。

🔵 保持情绪稳定的方法

情绪失控并非无可避免。当你下班回家之后，完全可以转变自己的心情，减轻负面情绪的影响，并提高你对挫折的容忍度。要做到这一点，首先要搞清楚自己的哪些基本需求没有得到满足，并在回家之前花几分钟来满足这些需求。

比如，你可以回想一下，你的午饭是什么时候吃的？你也许肚子饿了。低血糖使人易怒，让大脑承受压力，使人缺乏同理心。你可以在回家前先吃点东西，比如麦片或全麦面包。要避免食用快糖，比如果汁和甜食，因为糖分分解太快会产生相反的效果。

毫无疑问，你的身体的压力水平也很高。你每天都和孩子在一起，这让你的大脑承受着水平很高的慢性压力，你也有可能承受着反复的急性压力——咬人的孩子、在接孩子时骂你的家长、批评你的上级等。无论你面临什么样的压力，重要的是你要在回家之前把它发泄出来。

有下面几种方法可供选择：

· 做几分钟深呼吸，保持全神贯注。

· 进行心脏连贯性练习。这是一个可以让你在 4~5 分钟内放松的好方法。每天重复练习 3 次，就能获得长期的好处。有一些相关的移动应用程序可供下载，帮助你练习心脏连贯性。

· 练习冥想或自我催眠，一些移动应用程序可以帮助你练习，你并不孤单！

· 唱歌。即使你唱歌走调，也是管用的。

· 微笑。得益于面部反馈机制，微笑能让你放松。

· 闭上眼睛，想象自己身处怡人的风景中，比如双脚浸在小溪中，或者躺在青山的草地里。

· 锻炼身体。步行或跑步回家，如果乘坐公交车，你可以提前 2~3 站下车然后步行回家。这样你就有时间通过运动来缓解你的紧张。散步是一种很好的自我放松又不会令人筋疲力尽的方法。

· 花几分钟和孩子们在一起，给他们一个大大的拥抱，或者给他们讲一两个故事。这段充满爱意的欢乐时光将使你们分泌催产素，催产素是一种依恋荷尔蒙，可以减少你的压力水平，减慢你的心率，降低你的呼吸频率和血压水平。

🔵 平静接受

记住，你所从事的职业既不是微不足道的，也不是程序化的。你管理的不是一台电脑，也不是一盘豌豆，而是一些充满强烈情感的小人儿，他们会让你变得脆弱，让你不断地回想起自己的往事，有时让你回到你的童年，有时让你回到你为人父母的角色。不要试图把工作和生活一分为二，结果会适得其反。你越能接受工作对你个人生活的干扰，你就越能平静地接受和应对。

第四十七章
照顾好自己

    大多数学前教育机构的核心目标是确保婴幼儿的充分发展，让孩子的父母无后顾之忧。然而，在托儿所和幼儿园工作的老师的身心健康却经常被忽视。有些人感觉身心俱疲，有些人正遭受着职业耗竭。

    日复一日，幼儿教育工作者都在向一个共同的目标努力，即确保幼儿和父母的幸福。为了帮助减轻幼儿和父母过早分离所造成的痛苦，你们使用了许多方法，参与了许多战略和教育项目。

    那么，你自己的幸福呢？虽然这往往容易被你自己所忽视，但是你的幸福感影响着你所照顾的孩子的适应性和茁壮成长。正如我们所知，这些小家伙会吸收所有的情绪，无论是紧张还是兴奋。

    压力本身就像流感一样，具有传染性。当大人平静下来时，孩子们会更平静，更能忍受挫折，不再躁动。我们只需要坐下来静静感受一下气氛，根据孩子的行为和情绪就能知道，照顾他的大人是痛苦还是幸福。这就是为什么要想照顾好孩子，首先需要照顾好看护他们的大人。

🔵 许多成见

在很多人的观念中，那些在学前教育机构照顾婴幼儿的人沐浴在童话般的环境中，被缤纷的色彩、唱歌的小动物和无数的玩具围绕；要履行这个"儿童看护人"的职责，不需要深入而专业的培训，只要是女性就可以了。

这些成见持续影响着公众，甚至影响着早期教育项目管理者。许多人觉得孩子除了吃就是睡，最多就玩一会儿。人们对这项工作的困难程度和复杂性缺乏了解。

幼儿园老师桑德拉说："早上，有些父母会丢下一句烦人的'玩得开心！'或者'你整天和孩子们一起玩，真幸运，我多想离开我的办公室和你们一起！'对此，我只能假笑。幸运的是，也有一些父母会说'祝你好运！'或者'一个孩子我已经照顾不过来了，我不知道你怎么能照顾8个孩子！'"

认识到这个职业的困难是帮助幼儿教育工作者减轻压力或抑郁的第一步。

🔵 抱怨无处不在

还有一件事是肯定的：实际情况远没有想象中那么充满诗意，陪伴孩子成长的愿望可能会遇到许多人力和物力的限制。学前教育机构也不可避免会受经济形势的影响，游戏规则已经改变，行政部门的目标是以较低的成本提供更多的早期教育托育服务。

虽然一些教育项目既丰富又复杂，但并不总是都能落地。法国婴幼儿教育家埃布鲁说："我们正在用越来越少的专业人士和设备照顾越来越多的孩子！我们没有足够的玩具和地毯，一些区域几乎是空的。如果不为幼儿教育工作者提供良好的工作条件，你希望他们付出什么呢？"

抱怨无处不在，身体疼痛司空见惯，幼儿教育工作者与管理层的冲突也无处不在。"简直受不了了！"一家托儿所的校长索菲抱怨道，"许多人总是要求更好的工作条件，有时以牺牲新项目为代价。如果他们中的一些人能花同样多的时间和精力来给孩子们提供更优质的照料，我们就不会是现在这个样子！"

"机构的条件虽然和从前相比大有进步，但离想象也有较大差距，但是能够改进也是很不错的！"科琳不耐烦地说。她是一家幼儿园的园长。

🔵 非同寻常的职业

除了有争议的工作条件，这份工作的复杂性还在于你要打交道的人：年幼的孩子。与婴幼儿一起工作意味着每天要忍受 8 个小时的激烈情绪，因为这些小朋友还不能调节情绪。最令人难以忍受的是哭泣和尖叫，这让老师产生很大的压力。

一家小型托儿所的校长克劳德说："对老师的情感方面的要求充满了悖论：一方面，他们被要求满足孩子的依恋需求；另一方面，他们又被要求不要过分依恋，要保持合适的距离……就我个人而言，在我工作的 17 年里，我从来都不懂什么是'合适的距离'！"

此外，虽然孩子无穷无尽的精力是生命的源泉，但当精力过于旺盛时，它会使已经疲惫的老师精疲力竭。不要忘了，学前教育机构是一个充满刺激的生活环境，对于孩子和大人来说都一样。

托儿所老师瓦妮莎说："在工作中，我们不断被提醒，因为我们获得了报酬，所以我们要安慰悲伤的孩子，忍受不满意的父母的训斥，即使在精疲力竭的时候也要充满能量。人们应该承认，有些工作比其他工作更难，我的工作就是。有时，一些认可和鼓励就足以给我们勇气。"

🔵 寻求帮助

我经常对遇到的幼儿教育工作者说："我可以建议你、指导你、支持你，但无法取代你，因为我无法替代你来履行你的职责。"此外，我知道，绝大多数心理医生和儿科医生也是如此。

在学前教育机构工作的心理医生一致认为：应该让老师频繁交流，相互倾听，这样可以减轻他们的压力。我认为心理医生的作用是支持老师，给出建议，而不是评判他们。我记得一位老师从教室跑出来躲进了更衣室。那时是新学年刚开始，有很多孩子哭泣和尖叫。我去找她，她脸色苍白地看着我，问："那我该怎么办？""哭吧。"我对她说，并向她伸出双臂。她在我的怀里抽泣了很长一段时间，这是她第一次给自己放手的自由。这是一段充满人性温度的插曲，她和我将永远铭记。之后，她整理好情绪，就像什么都没发生一样回到了工作岗位。

你们之所以感到痛苦，是因为许多因素交织在一起：工作的艰巨，年幼的孩子无法控制的冲动情绪，面临的人力和物力限制，工作的重复性，缺乏肯定，和家长、同事甚至上级的不和谐关系。此外，许多学前教育机构负责人本身也因工作条件而承受痛苦。他们可能面临的困难包括来自上级的压力、行政工作的负担等。因此，团队会议、教学日、培训和集体项目可以让工作人员之间重新建立联系，并为机构注入动力。

令人惊讶的是，尽管这份工作有时会让人筋疲力尽，但是许多老师在早上都会笑容满面地迎接孩子们，并且日复一日地坚守在工作岗位上，使孩子和大人的脸上都持续绽放着笑容。

参考文献

参考文献用页码和段落来标注，1/1 是第 1 页，第 1 段，以此类推。

第一部分

9/3

Poulin-Dubois D., *Les précurseurs d'une théorie de l'esprit dans la première enfance: mythes et réalités, in Enfance*, n° 3, 1999. *Comment l'esprit vient aux enfants*. p. 322-326.

10/1

Thommen E., *L'enfant et les phénomènes mentaux: les théories de l'esprit. Langage & pratiques, n° 39, 9-19, 2007.*

12/6

Peipei Setoh et *al.* (2016), « Two-and-a-half-year-olds succeed at a traditional false-belief task with reduced processing demands », *PNAS*, 113, 47, 13360–13365.

252

16/1

Philip L., *Influence des informations contextuelles sur la perception des émotions: étude des réactions faciales rapides*, Thèse de Doctorat, université Paris-Sud, 2015.

77/4

J.M. Buzelin, « L'acquisition de la propreté urinaire chez l'enfant », *Périnéologie Infantile*, n° 4, vol. II, 2002.

114/2

Kramer M.S., Barr R.G., Dagenais S. et al., « Pacifier use, early weaning, and cry/fuss behavior », JAMA, 2001, n° 286, p. 322-6.

117/3

Niedenthal P.M. et *al.*, « Negative Relations Between Pacifier Use and Emotional Competence », *Basic and Applied Social Psychology*, vol. 34, 2012, Issue 5.

117/4

Bruderera A.G. et *al.*, « Sensorimotor influences on speech perception in infancy », PNAS.

117/5

Adair S.M. et *al.*, « Evaluation of the effects of orthodontic pacifiers on the

primary dentitions of 24 to 59-month-old children: preliminary study »,
Pediatric Dentistry, vol. 14, 1992, n° 1.

第三部分

143/4

TV Lobotomie: la vérité scientifique sur les effets de la télévision, chez Max
Milo.

143/5

Harlé, B. et Desmurget, M. (2012). Effets de l'exposition chronique
développement cognitif de l'enfant. *Archives de pédiatrie*, 19, 772-776.

162/1

Éric Binet: « Les pleurs de la petite enfance, une question d'attachement ?
Éclairages théoriques », *Métiers de la petite enfance,* Elsevier Masson, 2014.

162/4

Gisèle Gremmo-Feger: « Un autre regard sur les pleurs du nourrisson », 15ᵉ
Congrès National de Pédiatrie Ambulatoire Saint-Malo, 2007.

第四部分

198/3

Extrait de son témoignage « Syndrome du bébé secoué: "ces histoires sordides
n'arrivent pas qu'aux autres" » publié sur le site de Parole de Mamans.

199/2

Extrait de son article « Syndrome du bébé secoué. Des séquelles irréversibles » publié dans la revue *L' école des parents* de 2014, n°610.

200/1

Starling S.P., Holden J.R., Jenny C., « Abusive head trauma: the relationship of perpetrators to their victims », *Pediatrics*, 1995, 95, p. 259-62.

第五部分

221/3

Boisson M., « Soutenir la fonction parentale dans l'intêret des enfants: de la théorie aux instruments», *Informations sociales*, 2010, 160(4), p. 34-40.

Stewart-Brown S., *« Improving parenting : the why and the how », Arch. Dis. Child, 2008, 93(2).*

222/2

Lamboy B., « Soutenir la parentalité: pourquoi et comment. Différentes approches pour un même concept », *Devenir*, 2009, vol. 21(1), p. 31-60.

推荐书目

ALVAREZ C., *Les lois naturelles de l'enfant*, Les Arènes, 2016.

CICCOTTI S., *Les bébés marseillais ont-ils l'accent ?*, Dunod, 2010.

DESMURGET M., HARLÉ B., *Effets de l'exposition chronique aux écrans sur le développement cognitif de l'enfant*, Archives de Pédiatrie, 19 (7), 2012.

DESMURGET M., *Lobotomie: la vérité scientifique sur les effets de la télévision*, Max Milo, 2011.

FILLIOZAT I., *J'ai tout essayé ! Opposition, pleurs et crises de rage: traverser sans dommage la période de 1 à 5 ans*, JC Lattès, 2011.

FONTAINE A.-M., *L'observation professionnelle des jeunes enfants. Un travail d'équipe*, Philippe Duval, 2016.

GUEDENEY N., *L'attachement. Un lien vital*, Fabert, 2011.

GUEGUEN C., *Pour une enfance heureuse. Repenser l'éducation à la lumière des découvertes sur le cerveau*, Robert Laffont, 2017.

GUEGUEN C., *Vivre heureux avec son enfant. Un nouveau regard sur l'éducation au quotidien grâce aux neurosciences affectives*, Robert Laffont, 2015.

JOVÉ R., *Dormir sans larmes. Les découvertes de la science du sommeil de 0 à 6 ans*, Les Arènes, 2017.

JUNIER H., *Manuel de survie des parents. Des clés pour affronter toutes les situations. De 0 à 6 ans,* InterÉditions, 2019.

LECUYER R., *L'intelligence de mon bébé en 50 questions*, Dunod, 2014.

MOREL C., LEBRUN P.-B. (dir.), *Dictionnaire pratique de la petite enfance*, Dunod, 2018.

ROSENBERG M. B., *Les mots sont des fenêtres (ou bien ce sont des murs). Introduction à la communication non-violente*, La Découverte, 2005.

SERRES J., FONTAINE A.-M., *Et si on revisitait certaines idées sur les jeunes enfants ?*, Philippe Duval, 2020.

SERRES J., RAMEAU L., *Les pratiques pédagogiques des crèches à l'appui de la recherche*, Philippe Duval, 2016.

SERRES J., SCHUHL C., *Laissons-les expérimenter ! Accompagner la construction de la connaissance chez le jeune enfant*, Chronique Sociale, 2020.

SERRES J., SCHUHL C., *Petite enfance: (re)construire les pratiques grâce aux neurosciences*, Chronique Sociale, 2015.

SIEGEL D., *Le cerveau de votre enfant. Manuel d'éducation positive pour les parents d'aujourd'hui*, Les Arènes, 2015.

SOLTER A., *Pleurs et colères des enfants et des bébés. Comprendre et répondre aux émotions de son enfant*, Jouvence, 2015.

VIROL F., *Cerveau, chimie et psychologie. Neurophysiologie et psychologie du cerveau*, Jacques Grancher, 2015.